阐释与解读——环境艺术设计新探

欧阳磊 著

全国百佳图书出版单位|吉林出版集团股份有限公司

图书在版编目（CIP）数据

阐释与解读：环境艺术设计新探／欧阳磊著. --
长春：吉林出版集团股份有限公司，2020. 7
ISBN 978-7-5581-8947-0

Ⅰ.①阐… Ⅱ.①欧… Ⅲ.①环境设计-研究 Ⅳ.
①TU-856

中国版本图书馆 CIP 数据核字（2020）第 132731 号

CHANSHI YU JIEDU HUANJING YISHU SHEJI XINTAN

阐释与解读：环境艺术设计新探

著：欧阳磊

责任编辑：崔 岩 朱 玲

封面设计：王 艳

开 本：720mm×1000mm 1/16

字 数：210 千字

印 张：11. 25

版 次：2020 年 7 月第 1 版

印 次：2022 年10月第 2 次印刷

出 版：吉林出版集团股份有限公司

发 行：吉林出版集团外语教育有限公司

地 址：长春市福祉大路 5788 号龙腾国际大厦 B 座 7 层

电 话：总编办：0431-81629929

印 刷：廊坊市印艺阁数字科技有限公司

ISBN 978-7-5581-8947-0 定 价：52.00 元

前　言

随着经济全球化的发展以及改革开放进程的不断推进，中国城市化进程逐步加快，人们在满足物质生活的基础上，对精神文化提出了新的诉求。因此，为了切实满足人们对生态环境、自然环境和人文环境的要求，环境艺术设计应运而生。

环境艺术设计是一门新兴学科，是现代艺术设计众多分支中的一门边缘学科，是随着经济、文化、社会的发展以及人类生存环境日益迫切的需要而产生的，具有很高的实用价值和审美价值。同时，环境艺术设计是一种重要的艺术表现形式，其目的在于更好地满足人们的精神需求，是上层建筑中的意识性形态之一。环境艺术设计是实用艺术与大众艺术的结合体，它不仅改善了人们的生活环境，还满足了人们的审美需求。环境艺术设计涉及诸多学科，例如建筑学、人类工程学、环境心理学、生态环境学、社会学、美学、环境行为学、城市规划学等。近年来，随着经济和社会的蓬勃发展，环境艺术设计在中国艺术设计行业中起着不可替代的作用。尤其是环境艺术设计独具个性，在很大程度上推动了中国社会主义现代化建设的发展。在此背景下，很多学者对环境艺术设计进行了深入的研究，并取得可喜的成就。尽管如此，相关研究仍存在着很多的问题，例如抄袭西方设计现象严重、本土文化缺失、内容单一且缺乏创新等。因此，如何加快环境艺术设计的本土化进程，如何结合新时代创新环境艺术设计，如何系统阐释与解读环境艺术设计，成为当今时代亟待解决的问题。基于此，作者在总结多年科研经验的基础上，对环境艺术设计进行了系统梳理并编纂了此书，以期能够为环境艺术设计研究提供新的帮助。

本书共分七章。第一章主要从环境艺术设计的内涵入手，对环境艺术设计的发展历程、特征、原则、定位等进行了宏观概述。第二章到第四章主要讨论了环境艺术设计的理论、美学规律、程序与表达、材料与构造等内容。第五章到第六章主要从室内和室外两大视角对环境艺术设计进行了系统解读与阐释。第七章主要探索了环境艺术设计的创新，为环境艺术设计研究指明了新的方向。

本书具有以下特色：

第一，创新性。从宏观上而言，环境艺术设计始于20世纪80年代末，是一门新兴的科学；从微观上而言，本书紧跟新时代发展的步伐，结合环境艺术设计学术研究的最新动态，对环境艺术设计进行了创新性研究。例如，室内环境艺术创意设计、室外环境设计的多元审美、环境艺术设计的生态性、绿色设计理念融入环境艺术设计等内容都集中体现了本书的创新性特点。

第二，实用性。众所周知，无论是环境艺术设计还是其他形式的设计，其理论都是枯燥乏味的，不利于读者的理解。而本书采用理论与应用相结合的方式，对环境艺术设计进行了多维度阐释与解读。具体而言，本书不仅阐释了环境艺术设计的内涵、理论、美学规律，还解读了环境艺术设计的材料与构造；不仅阐释了室内外环境艺术设计，还解读了景观环境艺术设计；不仅阐释了绿色设计理念、传统民间艺术等理论，还探索了这些理论在环境艺术设计中的具体应用，增加了本书的实用意义和参考价值。

本书在写作过程中，查阅了很多国内外资料和文献，吸收了很多与之相关的最新研究成果，借鉴了大量学者的观点，在此表示诚挚的感谢！由于环境艺术设计的发展性和创新性，再加上作者能力有限，书中难免存在不足之处，请广大读者批评指正。

目 录

第一章　环境艺术设计概述

环境艺术设计是一个新兴的设计学科，它所关注的是人类生活设施和空间环境的艺术设计。环境艺术设计就是对人类的生存空间进行的设计，是通过各种手法或手段对其进行规划、设计并最终实现高质量的、艺术化的生活居住环境的过程。本章主要从环境艺术设计的内涵入手，介绍了环境艺术设计的发展历程、环境艺术及环境艺术设计的特征，并系统论述了环境艺术设计的基本原则与科学定位。

第一节　环境艺术设计的内涵

一、环境艺术设计的相关概念

（一）设计与设计思维

1. 设计的概念

设计涵盖的层次极多，覆盖面甚广，很难用极为简洁的语言概括其全貌。设计研究者们由于角度不同，或者侧重点不同，自然会得出不同的定义。设计（Design）有两个方面的意义：一是"心理计划"，指事先在思想上形成精神胚胎，作为实施的计划；二是"艺术中的计划"，特指绘制草图、图样等。[①]"心理计划"，最广泛的意义是计划、设想、筹划等概念，即心理目标，并由此而形成初步方案。"艺术中的计划"，意味着利用构成作品的语言要素及局部与整体之间的结构关系，组织一个作品的创意过程。设计从动词的意义来理解，是指人类对事物规划、构思、研究的活动过程，是对设计发生、发展、完

---

① 刘琼，江明磊，殷振峰．设计美学与美术设计［M］．长春：吉林美术出版社，2019：21.

— 1 —

成过程的研究，解决"怎样设计"的问题，其中涉及诸如方法论、设计程序和创造性思维等问题。从名词的意义来理解，是人类对事物构思、研究的结果或成果，是不同设计的区别及其与社会、经济、文化关系的研究，解决"设计应该怎样"的问题，即设计的社会、文化、精神等方面的价值判断等问题。①

设计是艺术和工程两者的桥梁，生活中的艺术主要靠创作人和一个创作群体来实现，来表达一种意境，以满足人们的心理需求，或者喻示某种社会、生活哲理，反映人们特定的心理活动，并通过这种表现来与接受和欣赏它的人们发生共鸣，达到传递思想感情的目的。而工程则注重体现物与物之间的关系，在物与物之间建立联系，通过物质客体间发生的相互作用来满足人们对某种功能的需要。通常，设计既融入了人的主观思想，满足了人的心理需求，又实现了物的功能价值。可见设计不仅是对物象外形的美化，而且有明确的功能目的，设计的过程正是把这种功能目的转化到具体对象上去。

综上所述，设计是为实现一定需求目标而拟定的计划方案，是谋略下的创造行为，是行动前预先制定的方向与程序。总之，设计是对事物或人造对象的一种构思和规划的过程，是把规划、设想、方案转化为成品的创造性思维过程。

2. 设计思维的概念

设计思维，是指在设计和规划领域，对定义不清的问题进行调查、获取多种资讯、分析各种因素，并设定解决方案的方法与处理过程。② 作为一种思维的方式，它被普遍认为具有综合处理能力的性质，能够理解问题产生的背景、能够催生洞察力及解决方法，并能够理性地分析和找出最合适的解决方案。在当代设计和工程技术当中，以及商业活动和管理学等方面，设计思维已成为流行词汇的一部分，它还可以更广泛地应用于描述某种独特的"在行动中进行创意思考"的方式，在 21 世纪的教育及训导领域中有着越来越大的影响。在这方面，它类似于系统思维，因其独特的理解和解决问题的方式而得到命名。

设计思维是一种方法论，用于为寻求未来改进结果的问题或事件提供实用和富有创造性的解决方案。在这方面，它是一种以解决方案为基础的，或者说以解决方案为导向的思维形式，它不是从某个问题入手，而是从目标或者是要达成的成果着手，然后，通过对当前和未来的关注，同时探索问题中的各项参

① 谢明洋. 环境艺术设计手绘表现 [M]. 沈阳：辽宁美术出版社，2019：8.
② 鲍诗度. 中国环境艺术设计 [M]. 北京：中国建筑工业出版社，2019：11.

数变量及解决方案。① 这种类型的思维方式被经常应用在已成形的环境中，这种环境也称为人工环境。

思维是人们头脑对自然界事物的本质属性及其内在联系的间接的、概括的反映；人借助于思维将自己的本质力量对象化。因此设计与思维在设计的过程中是一个完整的概念。

"设计"是前提，限定了思维的范畴；"思维"是手段，借助于各种表现形式，最终形成设计产品。设计思维是设计师根据被委托的设计项目调动各种有关资料及设计师头脑中的经验积累，综合自然的、技术的、社会的、文化的等诸种因素形成对未来产品的理解，并权衡各种制约因素而构想出工作方案的过程。

设计思维是设计活动的基础，也是设计活动的主要组成部分，它包含了设计中的调查、构想、选择、决策等若干部分，与设计表现共同构成设计活动的主体。设计思维是发散思维、收敛思维、逆向思维、联想思维、灵感思维、模糊思维等多种思维形式的综合过程。思维的目的在于探索、激励创新的心理机制，克服定势思维所带来的心理障碍，充分发挥创造性思维的积极作用。

（二）环境

环境是指人类周围所有的事物，可以理解为围绕在人周围的空间中，可以影响人的生活和发展的各种自然因素、社会因素的总体。环境设计中的环境是指围绕在设计主体周围并与设计主体产生关系的自然环境、人文环境。②

环境与人的生活联系密切，人作为环境的主体，不仅要求提高物质条件，还追求精神享受，环境艺术的发展也从满足人们基本的生理需求而转入更高层次的心理需求。我们对环境的创造和保护最终是为了更好地生存。当代环境艺术设计中的重要理念是对人的关怀。在环境艺术中，设计的出发点和归宿是人的主体性。同时，环境设计应关心人的主体性，还要尊重环境的自在性。环境是一个客观存在的系统，有其自身的特点和发展规律。人具有自然的属性，是环境的有机组成部分，人类不能做自然的主人，不能为所欲为。环境危机是人类一步一步造成的。需要及时弥补。人类应认识到破坏环境的危害，调整思路并寻找人和自然环境良性循环的可持续发展道路。要想人类社会朝着良好的方向发展，我们必须正确认识自然环境和人文环境的发展规律，营造和谐的艺术环境。

---

① 郭媛媛，李娇，郭婷婷. 环境设计基础 [M]. 合肥：合肥工业大学出版社，2016：6.
② 刘同平，郑重. 环境雕塑设计 [M]. 武汉：华中科技大学出版社，2018：5.

（三）环境艺术

环境艺术就是通过艺术手段，"把建筑、绘画、雕塑及其他观赏艺术结合起来"，创造出能够使人们获得审美享受的艺术环境。环境艺术是与人们关系最密切、接触最广泛、影响最深远的一门艺术学科。[①] 同时，它是以研究人与环境的关系客体，研究它们在发生交互作用时，如何取得相互协调、相互统一的创作手法与建设实践的一门学科。

同时，环境艺术是绿色的艺术与科学，是创造和谐与持久的艺术与科学。城市规划、城市设计、建筑设计、室内设计、城雕、壁画、建筑小品等都属于环境艺术范畴。另外，环境艺术是实用的艺术，是为人们提供安全、舒适、方便、优美的生活环境，其核心是为了满足人们的各种环境心理和行为需求。环境艺术的功能主要包括物质功能、精神功能、审美功能等。

（四）环境艺术设计

环境艺术设计是指对包括自然环境、人工环境、社会环境在内的所有与我们人类发生关系的环境，以原在的自然环境为出发点，以科学与艺术的手段协调自然、人工、社会三类环境之间的关系，使其达到一种最佳状态。[②]

总的来说，环境艺术设计是在整体设计观念指导下的综合设计，它相对于单体、局部、一元化而言，是从整体的结构框架出发发挥艺术感染力的设计。环境艺术设计的基本内涵包括：（1）环境艺术设计的最高境界是艺术与科学技术的完美结合；（2）环境艺术设计的过程是逻辑思维与形象思维有机结合的过程；（3）环境艺术设计的成果是物质与精神的结合。

二、环境艺术设计的范畴

从广义上讲，环境艺术设计的范畴非常广泛。任何涉及环境自身、人环境与人的关系的方面均被这一学科纳入其研究的范围之内。[③]

就环境来说，它是围绕着人类这个主体而发生作用的客体存在，既包括以空气、水、土堆、植物、动物等为内容的物质因素，也包括以观念/制度、行为准则等为内容的非物质因素；既包括自然因素，也包括社会因素；既包括非生命体形式，也包括生命体形式。通常按环境的属性，将环境分为三个种类：

① 盛婷. 环境艺术设计制图［M］. 北京：中国电力出版社，2019：16.
② 罗媛媛. 环境艺术设计创新实践研究［M］. 北京：现代出版社，2019：4.
③ 邓清. 环境艺术设计及其个性化分析［J］. 北极光，2018（1）.

（一）自然环境

自然环境指未经过人的加工改造而天然存在的环境系统。包括大气环境、水环境土壤环境、地质环境和生物环境等。[1]

（二）人工环境

人工环境指在自然环境的基础上经过人的加工改造所形成的环境及其系统，或人为创造的环境。[2] 与自然环境的区别，主要在于人工环境一般是按照人们的意愿，对客观存在的自然物质的形态做出了较大的改变，使其失去了原有的面貌。

（三）社会环境

社会环境指由人与人之间的各种社会关系所形成的环境，包括政治制度、经济体制、文化传统、社会治安、人际交往、邻里关系等。[3]

对于环境艺术设计而言，自然环境的各种特征是被人们逐渐认识的。这种认识从主观到客观，从单一到系统化、科学化，逐步形成关于自然环境的各个学科门类，这是设计的基础。人工环境的各个方面是环境艺术设计的主体，包括与我们生活密切相关的环境场所设计，城市整体或区域景观设计，居住区设计，商业中心设计，滨水区设计、广场、道路设计、建筑组群、单体设计，建筑装饰设计、环境小品设计等。而社会环境通常是环境艺术设计经过努力力求影响和引导的方面，所以也与之相关。

就与艺术结合这一层次来说，环境艺术设计的范畴包括了艺术中所涉及的很多方面。其中有与美术学交叉的部分，如设计中关于美的审视，运用和鉴赏、评价；对传统中国画美的意境的追求；雕塑、陶艺、铁艺小品的运用；建筑美学的引导方式；摄影技巧的灵活运用等。还有与音乐学交叉的部分，如环境设计中声环境的营造。

其实环境艺术设计在关注诸多方面的同时都涉及了人类本身。人性的特点如亲近大自然（心理与行为）、交流与沟通、对美好、方便居住区景观的生活环境的追求等，都是环境艺术设计研究的内容。其目的就在于为人类创造出符合人们需要（生理、心理）的，能适应人类各项活动要求，舒适宜人的空间

---

① 朱晓鸿.环境艺术设计的探究 [J].科学与财富, 2019 (20).
② 王清燕.浅谈环境艺术设计中的生态理念 [J].明日风尚, 2019 (15).
③ 甄伟肖，颜伟娜，孙亮.艺术设计与室内装潢 [M].长春：吉林美术出版社, 2018: 5.

环境。

从狭义上说，环境艺术设计是研究各类环境中静态实体、动态虚形以及它们之间关系的功能与审美问题。[①] 静态实体包括了环境中客观存在的，具有相对静态属性的，具体的物质对象，也就是我们平常都可以感知到的环境实体要素及各类设施。例如墙面、各类家具组成、装饰构件、静态水体、外部空间环境植物组成、各类小品等等。动态虚形包括了空间环境中具有动态属性的各类要素以及由它们创造出的，可以通过具体分析理解的抽象虚体形态。处理好这些内容之间的关系，环境就可以达到一种相对平稳的、合理的状态，再通过创造使其具有良好的审美感受，带给人们精神上的满足，在环境中产生愉悦的情感，这就是环境艺术设计的目的。

第二节　环境艺术设计的发展历程

在以农业、手工业生产力方式为主的古代社会，生产力水平低下，人们的环境意识是将自我融入自然之中，享受大自然的恩赐，从中领略身心满足之感。

人类掌握了了种植技术，学会饲养之后，在广袤的生活环境周边建立牧园和猎园。环境艺术一开始就植根于人类这些最早的造园活动之中，园林也慢慢地从实用型向观赏型过渡。

中西社会发展历程不同，生产力发展水平阶段各异，文化观念有别，这些都导致中西两种文化体系对环境艺术的认识存在着差异。这点体现在园林上，中西园林间最显著的差异是自然形态与几何形态的对比。

许多学者视波斯的四分园为西方园林早期的原型。四分园用方形的围墙围起园地，使园地与外界环境隔开。[②] 四分园的原始形制在古代遗留下来的园林遗迹中有许多现存实物，如印度的园林和陵园、西班牙阿尔罕布拉宫的狮子园、石榴园等等。四分园可以被认为是西方园林最早的、自身的、非建筑因素导致的秩序。

欧洲文艺复兴时期，贵族可以拥有更多的财富，建造更多、更大的园林，并创造出新的艺术形式。文艺复兴时期园林的第一个显著特点是尺度广大，第

① 曹瑞林. 环境艺术设计 [M]. 开封：河南大学出版社，2005：23.
② 陈飞虎. 环境艺术设计概论 [M]. 长沙：湖南美术出版社，2004：41.

二个特点是利用水渠、草坪、林荫道等组成园林的纵横轴，并且在轴线上安排布置了许多节点，这些都成为后来西方园林设计的创作原则和工作方向，对欧洲的造园艺术产生巨大影响。①

中国的造园史与历史同样悠久，中国古代文化是以儒家为主体，释道相补充，均与自然有密切关系。中国传统文化崇尚自然，注重情与景的联系，体现天人合一，渗入大自然的意境。

园林作为一种环境艺术形式，它不是自然物质的照搬，而是理想化的自然。中国的园林从大到小都以师法自然为原则。因为面对中国的山水，人们容易产生的是幻想而不是逻辑。中国园林中的树、石、水都是以一种自然界中的典范形式出现，其经典的组合形式在自然界中是很少见的。树木花草需要修剪，石头需要精心地挑选，把它们组合成名山大川的缩影。这还体现了中国文化中各艺术类型的相互渗透。例如，中国苏州拙政园，典型的中国制造庭院手法。

随着社会的发展，当代人开始更多地关注自己周围的生存环境。由于文化生活的普及和生活水平的提高，人们难以继续忍受单调乏味的生存条件，对自身生活环境有了更广泛的文化艺术需求，环境艺术在三个方面出现了出无前例的社会需求。首先，人类历史上第一次出现了为集体、为公众共享而设计的公共性景观。皇家园林也好，私家花园也罢，除了那些历史上因个人意志而创造的"环境艺术"之外，现代出现了更多地为集体、为市民大众所需要而创造的环境艺术。其次，除了历史上那种刻意选取、人工创造的"风景""园林"等环境艺术之外，现代环境艺术设计所考虑营造的还包括人类聚居的环境景观。再次，除了传统概念上的景观环境设计之外，以土地为主的自然资源的保护与利用，以及由此引发出的生态环境保护，成了现代环境艺术的又一重要工作。因此，由个体的主观感觉演进到群体的理性判断，原有的环境艺术的价值观念、判断标准、实践范围、专业背景、理论方法都发生了极大的扩展和变化。

---

① 孟晓军．基于多维领域环境艺术设计［M］．长春：吉林美术出版社，2019：4.

第三节 环境艺术及环境艺术设计的特征

一、环境艺术的特征

1. 环境艺术是多层面有机统一的实用艺术

环境艺术并不能简单地理解为环境加艺术或环境加装饰，它强调最大限度地满足使用者多层次的需求。环境艺术不但要满足人的休憩、工作、交通、聚散等功能需求，还要满足人们交往、参与、安全，隐私等社会行为的心理需求及审美需求。

2. 环境艺术是多学科融合的系统艺术

环境艺术是一门新兴的学科，它是建立在现代环境科学研究的基础上，集规划学、建筑学、景园学、室内设计学、工程结构学、人体工程学、美学、行为心理学、人文地理学、生态学、符号学、社会学、建筑装饰材料学等多门学科知识构成的多元综合性边缘学科。

3. 环境艺术是和谐的艺术

环境艺术把环境构成的诸多要素——建筑、山水、树木、道路、广场、公共设施小品等和谐地建构在一起。它解决环境问题的着眼点始终是兼顾环境的不同特点，既展望未来，又尊重历史、民族、宗教等文化特性；既巧妙利用环境，又善于保护环境系统，使人与环境建立在协调、可持续发展的基础上。

4. 环境艺术是四维的时空艺术

任何环境场所的主角都离不开三维空间，同时，由于人在其中的活动是随时间的推移而不断转换、延续和发展变化的，因此，环境艺术又是动态极强的时间艺术。现代环境艺术的时空艺术是三维空间艺术与"四维"时间艺术的融合与追求。

5. 环境艺术是多感觉机制的体验艺术

环境艺术是综合运用各种艺术和科技手段，通过多感觉机制（视觉、听觉、嗅觉、味觉、触觉等）传递环境信息，形成"感官冲击波"，综合利用环境要素的形、声、色构成人深刻的体验、审美感受。[1]

---

① 张朝晖. 环境艺术设计基础 [M]. 武汉：武汉大学出版社，2008：3.

二、环境艺术设计的特征

环境艺术设计学科专业发展至今，呈现出以下较明确的特点，下面对其进行系统分析。

（一）科学性

这是环境艺术设计最为重要的特点。其科学性表现在：它的产生是基于工学、美学等多种大型综合性学科长期深入发展的基础之上，具有坚实的、科学的发展基石；它的知识体系建立于理论研究和实践工作的密切结合，这两个方面互为支持；它的过程始终坚持从具体实际出发；它的发展巨大、符合人类社会发展的大方向，有着明确的积极意义。

（二）多元性

由于环境艺术以多种因素复合构成，所以它具有多元性的属性：自然的、人工的；社会的；有形的、无形的；虚空的、实在的；物境的、意境的；局部的、整体的；空间的、时间的。是表现与再现的科学、哲学、艺术的结合，是物理世界与精神世界的统一体。

（三）前沿性

每个学科专业的自身性质决定了它这一方面的特点。始终从社会实践工作出发的基本点是环境艺术设计前沿性的有力保障。具体工作经验的总结又为理论研究提供了最新的信息支撑，从而在理论和实践双方面实现了前沿性。[1]

（四）多方位

环境的参照系，既有确定的，又有不确定的；既以自己为中心，又以他物为中心；相互依存，相互联系。它是人们在有限的时空运动中，获得无限的时空感受的时空艺术。可见，环境艺术参照系具有多方位的时空特性。

（五）针对性

针对性是各类学科专业都具备的特点，而环境艺术设计的针对性特点相较于部分学科来说更加明确。它针对的是具体的人类生存环境，研究的是自然、人与环境之间的关系，处理的设计对象是环境中的具体要素。

---

[1] 甄伟肖，颜伟娜，孙亮. 艺术设计与室内装潢［M］. 长春：吉林美术出版社，2018：20.

（六）综合性

环境艺术设计与多种学科专业的交叉发展使其具有综合性特点。在学科专业内部，这种综合性的体现并不平均于每个方面。在每个发展阶段都会根据实际产生出一定的侧重点，但总体的综合性特点是每个阶段都具备的。

（七）群集性

环境是多细胞的共生和共处，通过聚集、群集才能发挥整体效益。它既要表现要素之间一定的联系和依存关系，又需体现各自独立的特点。为了使环境艺术形成有机的综合体，必须在诸要素间建立一定的结构关系，使其组织具有有机、统一、和谐的特征。

（八）整体性

环境艺术是诸要素整体上的有机结合，其结构严谨而有序，协调而统一。个体上的特性却因为依附于整体而更加突出。个体与整体，相互依赖，相互促进，形成彼此关照、相互结合的关系。失去个体的整体，因为没有整体性，因此也失去个性。

环境艺术是个体与整体的有机的和谐体，完善的统一体，而不是分散、无序、各自独立，机械拼凑、支离破碎的个体。

（九）应用性

环境艺术设计是一门应用性学科。它来自实践工作，对其理论研究的最终目的也是用于指导实际设计。所以我们学习环境艺术设计，绝不是为了停留于纸面的教科书中，而是应当学会具体应用。①

（十）大众性

人人参与环境艺术，人自身即是环境艺术的一部分。大众行为是环境艺术设计的依据，大众的艺术设计判断是判定环境艺术美学的原则。大众的多层次、多方位需求的满足，生活品质的提升，是鉴定环境艺术质量的客观标准。

---

① 孟晓军. 基于多维领域环境艺术设计［M］. 长春：吉林美术出版社，2019：3.

第四节　环境艺术设计的基本原则

一、人本性原则

环境艺术设计的主题是人，环境艺术设计的客体还是人。人是环境中的主角。以往的设计人多把设计的注意力集中在环境实体的创造中，忽视了人的存在、"以人为本"就是尊重人类自身，创造符合人的生存模式的环境，并非把对人的认识停留在人的自身上，忘记人对环境的依存关系。以人为本的观点有关于正确地诠释人的生存规律及其在环境中的定位。现代人已经不再满足物质方面的享受，充实的精神生活越来越成为人们所追求的目标，环境艺术设计也应从满足生活需要向满足心理需求方面转移，从客体（建筑物本身）转向主体（人），对从环境的单向思考转向对人与环境共生的全方位思维。环境艺术设计的目的是通过创造适宜的环境而为人服务，设计者始终需要把人对环境的物质需求和精神需求放在设计的首位。

现代环境艺术设计需要满足人们的生理与心理方面的需求，需要综合地处理人与环境、人际交往等多项关系，需要在为人服务的前提下，综合解决使用功能、经济效益、舒通美观、环境氛围等种种要求。现代环境艺术设计是一项综合性极强的系统工程，其出发点是为人和人的活动服务。应针对不同的人、不同的使用对象，考虑不同的设计要求。例如，在空间的组织、色彩和材质的选用，以及环境氛围的烘托等方面，均需要研究确定人们的行为心理、生理方面的要求。

二、动态性原则

这项原则的侧重点在于强调环境艺术设计存在及发展的状态。任何一门学科专业如要长期存在，都有着动态发展的自身属性。所不同的是动态性表现出的更新或发展速度有快慢之分而已。环境艺术设计作为一门新兴的学科专业，发展的时间并不是很长。所以遵循动态性原则，是符合学科专业特点和发展要求的表现。

动态性原则，一方面是从动态与静态的角度来看，强调学科专业的发展状态，督促不能满足于现有取得的成就，停留于原地，要保持良好的发展动势。① 只有发展，才是硬道理。另一方面是要求学科专业的发展具有灵活性。绝不能古板地将发展眼光局限于某一个方向或角度。从实践设计工作方面着眼，也只有遵循了动态性原则，才能保持设计者思想的活力与创造的动力，使设计作品不至于"老套"，能够及时反映出时代发展的前沿性特点。

三、整体性原则

环境艺术是一个系统，它由自然系统、人工系统组成。自然系统又由地形、植物、山水、气候等多方面构成；人工系统更是多样复杂，如建筑、交通、水电设施、照明设施、绿化等。从环境艺术设计的组成上说，除实体的元素外，还有思想、观念、意识等非物质等学科或领域，因此环境艺术设计必须遵循系统和整体的观念。

环境艺术的立意、构思，需要着眼于对环境的整体性、文化特征以及相应的功能特点等多方面的考虑。环境艺术是整体的效果，不是各种要素的简单、机械累加，而是各要素相互补充、相互协调、相互加强的综合效应，是整体和局部间的有机联系。因此，现代环境艺术设计的立意、构思、风格和氛围的创造，需要更多地着眼于对环境整体、文化特征等多方面的考虑。

首先，自然环境是一个客观存在的自在系统，有它自身的特点和发展规律，人类应该尊重它而不是随意改变它。人类自身也带有自然的属性，也是环境的组成部分，和其他元素一起构成自然环境的整体，破坏了自然也就等于伤害了自己。环境是一个复杂而完整的共生系统，对局部的随意破坏可能导致全局的变化。

其次，室内环境艺术设计的"内"，和室外环境的"外"（包括自然环境、文化特征、所在位置等），可以说是一对相辅相成、辩证统一的概念，无所谓绝对的内外之分。为了更深入地研究环境艺术，就愈加需要对环境有足够的了解、分析和把握，着手于局部，着眼于"全局"。当前环境艺术设计的弊病——相互雷同、缺乏创新和个性等现象均是因为人们对环境缺乏必要的整体性了解和研究，从而使环境艺术设计的依据流于一般，设计的构思局限封闭。

由此，在环境艺术设计工作中，可从不同侧面、不同角度和不同层面把握环境艺术设计的整体性原则。例如，可以从建筑、道路、绿化、设施等实体元素方面研究，从而构成环境的整体设计，也可从功能、科技、经济、文化、艺术等要素把握环境的整体设计。整体意识是环境艺术设计的重要原则，在做具

---

① 沈竹，吴魁. 环境艺术设计手绘表现［M］. 哈尔滨：哈尔滨工程大学出版社，2008：67.

体设计的时候必须考虑宏观、整体原则，用发散的思维、联系的方式思考和处理局部与整体的关系。

四、地方性原则

从宏观上看，环境艺术从一个侧面反映当时、当地的物质生活和精神生活特征，铭刻着独特的历史印记。现代环境艺术更需要强调自觉地在设计中体现和强调地方特征，主动地考虑满足不同地域条件、气候特征条件下生活活动和行为模式的需要，分析具有地方性特征的价值观和审美观，积极采用当代的先进技术手段。

同时，人类社会的发展，不论是物质技术的，还是精神文化的．都具有历史延续性。追随时代和尊重历史，就其社会发展的本质而言是统一的。在环境艺术设计中，在生活居住、旅游休息和文化娱乐等类型的环境里，都有因地制宜地采取具有民族特点、地方风格、乡土风味，充分考虑历史文脉延续和发展的设计。应该指出，这是所说的历史文脉，并不能简单地只从形式、符号来理解，而是广义地涉及布局和空间组织特征，甚至涉及设计哲学、创作思想和观点等较抽象的精神层。[①]

五、科学性与艺术性融合原则

环境艺术设计的另一个基本原则，是在工作中高度重视科学性、艺术性及其两者的密切结合。从环境艺术发展历史来看，具有创新精神的新的风格的兴起，总是和生产力的发展分不开的。社会生活和科学技术的进步，人们价值观和审美情趣的演变，促使环境艺术设计必须充分重视并积极运用当代科学技术的新成果、新成就，包括新材料、结构和施工技术，以及为创造良好声、光、热环境所使用的设施设备。[②]

现代环境艺术的科学性，除了在设计观念上需要进一步确立以外，还需要在设计方法和表现手段等方面予以重视。设计者已开始认真地以科学的思维和工作方法，分析和判定环境艺术的优劣，并运用电子计算机技术进行分析和辅助设计。电子计算机辅助设计技术的运用，可以精确地研究和表达形体与空间关系，极为细致、真实地表现了环境艺术设计的视觉形象特征。

一方面需要充分重视科学性，另一方面又需要充分重视艺术性。环境艺术

---

① 王小静．浅析环境艺术设计 ［J］．大东方，2018（8）．
② 孟晓军．基于多维领域环境艺术设计 ［M］．长春：吉林美术出版社，2019；19.

设计在重视物质技术手段的同时，还需要高度重视美术学、艺术设计学原理的运用，重视具有表现力和感染力的空间形象的创造，创造具有视觉愉悦感和文化内涵的艺术环境，使生活在现代社会高科技、快节奏中的人们，在心理上、精神上得到安慰和平衡，即现代环境艺术的高科技和高感情问题。

在进行具体工程设计时，会遇到不同类型和功能特点的环境问题，在进行科学性与艺术性处理时，可能会有所侧重，但从宏观整体的观念出发，仍然需要将两者结合起来。科学性与艺术性两者绝不是割裂或者对立的，而是密切结合的。

总而言之，尽管目前人类的科学技术已经达到了相当高的水平，但是还不能掌握自然和再造自然。只有与自然和谐相处才是真正尊重自然、尊重人类自身的最佳选择。除了对自然环境的保护外，还应注意对历史遗存的保护，尊重它们的自在性。

六、可持续发展原则

自然系统是一个生命保障系统。如果它失去稳定，一切生物包括人类自身都不能生存。可持续发展就是建立在社会、经济、人口、资源、环境相互协调和共同发展的基础上的一种科学的发展观。其宗旨是既能相对满足当代人的需求，又不能对后代人的发展构成危害。既要达到发展经济的目的，又要保护好人类赖以生存的大气、淡水、海洋、土地和森林等自然资源和环境，使子孙后代能够永续发展和安居乐业。与动态性原则相比，可持续发展原则的侧重点在于发展的过程、方式与结果。

可持续发展的原则是主张不为局部的和短期的利益而付出整体的和长期的环境代价，坚持自然资源与生态环境、经济、社会的发展相统一。其核心是发展，但要求在严格控制人口、提高人口素质和保护环境、资源永续利用的前提下进行的发展，并注重社会、经济、文化、资源、环境、生活等各方面协调"发展"，要求这些方面的各项指标组成的向量变化呈现单调增态势（强可持续性发展），至少其总的变化趋势不是单调减态势（弱可持续性发展）。可持续发展包含两个基本要素或两个关键组成部分："需要"和对需要的"限制"。其战略目的是要使社会具有可持续发展的能力，使人类在地球上世世代代能够生活下去。人与环境的和谐共存，是可持续发展的基本模式。可持续长久的发展才是真正的发展。①

实现可持续发展应遵循以下具体原则：

---

① 甄伟肖，颜伟娜，孙亮. 艺术设计与室内装潢［M］. 长春：吉林美术出版社，2018：22.

1. 公平性原则

力求代际公平、同代与未来公平、人与自然公平。

2. 可持续性原则

确保资源的持续利用和生态系统可持续性的保持。

3. 和谐性原则

促进人类之间及人类与自然之间的和谐。

4. 需求性原则

立足于人的需求而发展，强调人的需求是要满足所有人的基本需求，为所有人提供实现美好生活愿望的机会。

5. 高效性原则

实现人类整体发展的综合和总体的高效。

6. 阶跃性原则

随着时间的推移和社会的不断发展，人类的需求内容和层次将不断增加和提高，实现不断从较低层次向较高层次的阶跃性过程。

这些具体原则可以看作是可持续发展的具体要求。我们应该在充分理解的基础上把它们运用到实践设计中去。具体表现就是要运用科学的设计方法，结合自然环境的发展规律，力求把设计对环境的不良影响降至最小，强化环境的生态作用。充分利用可再生能源，努力减少对不可再生资源的过度依赖和消耗。

第五节　环境艺术设计的科学定位

一、环境艺术的专业特征

由于人的物质生活和精神生活是多方位的、多层次的、动态的、复杂的，环境艺术设计要满足人的不同需求，因此环境艺术是一门知识范围广泛，既具有边缘性又具有综合性的学科，是一项系统综合的学科。

按照目前我国的学科分类目录，一般是将环境艺术设计归在艺术设计学科专业目录下，它包括室内设计、园林景观设计等学习方向由于环境是个相对概念，所以环境艺术设计可以大到一个城市、一条街道、一幢建筑与一个广场等区域性的环境，小到室内的空间、光、色、质地、绿化、陈设等微观层次设计。①

环境艺术不是纯欣赏意义的艺术学科，它始终和人的使用要求联系在一起，其实现又与工程技术密切相关，是功能、艺术与技术的统一体。它和建筑学有一些共同点，同样是一门将使用功能和表现目的实体、空间及周围环境，在技术、艺术与文化等方向紧密结合起来的学问。

"环境艺术"是创造人类生活环境的综合艺术和科学，环境艺术在文化内涵上更为深入，在形式上更具艺术特质，达到了精神文化的更高层次。环境艺术设计的目的在于保护、开发、强化自然与人造环境，其作用主要包括环境规划、场地规划、施工协调与运营管理等。

二、环境艺术设计的相关学科

环境艺术设计作为一门综合性学科，专业交叉性的特点十分明显。虽然专业人员通常的工作一般都是很有针对性的，方向极其明确，但是作为对本专业的了解，就需要认识到环境艺术设计与其他相关学科的关系。

（一）建筑学

建筑学，从广义上来说，是研究建筑及其环境的科学。在通常情况下，它更多的是指与建筑设计和建造相关的艺术和技术的综合。②

环境艺术设计从发展之初就与建筑有着密切的联系。建筑作为环境的主体之一，对整体环境有着影响甚至控制的作用。建筑学理论研究范围也非常广泛，涉及人居环境的方方面面，侧重从生态、社会、心理和美学方面研究建筑、环境与人的关系。这些思想与环境艺术设计是相一致的。在具体的设计工作中，无论是室内环境抑或是外部空间环境的设计与探索，无一不是与建筑存在着广泛的联系。进行室内空间环境设计，基地被限制在某一建筑之内部，除了要熟悉建筑基础、具体建筑技术外，原有建筑设计的风向、采光也在考虑范围之内；外部空间环境设计，实践工作范围亦十分广泛，包括区域生态环境中的景观环境规划、风景区规划、园林绿地规划、城市局部地域环境设计，以及园林植物设计、景观环境艺术等不同工作层面。在具体过程中，建筑学理论与方法会起到相当的指导作用。

---

① 董万里，段红波，包青林. 环境艺术设计原理（上）[M]. 重庆：重庆大学出版社，2007：91.

② 黄艳. 环境艺术设计概论 [M]. 北京：中国青年出版社，2011：73.

建筑学与环境艺术设计，虽然存在着如此的关联，但是对于各自研究对象的关注与侧重点还是不同的。建筑师的主要职责是专注于设计居于特定功能的建筑物。例如住宅、公共建筑、学校和工厂等；而环境艺术设计工作者所要处理的对象是环境各相关元素间复杂的综合问题，绝不是仅限于单一某个层面。

（二）艺术学

环境艺术设计，无论哪一个方向，都离不开对于艺术的探讨与应用。在具体的过程中更是需要通过艺术的审美观点对整体环境进行美的审视与评价，综合运用艺术处理原则与方法对实践设计做出指导。

艺术学，通常意义上是指系统性地研究关于艺术的各种问题的科学。[①] 它包括的内容非常广泛，有美术学（绘画、雕塑、陶艺、设计、建筑美学、书法、篆刻、摄影等）、音乐学（声乐、器乐、歌舞剧等）、文学（诗学、散文学、小说学等）、戏剧学、电影学、舞蹈学、曲艺学、杂技学、周边艺术学等十大子门类的内容。而在实际环境艺术设计中，运用最多的是艺术学的形式美规律与各设计要素的运用方法。[②]

环境艺术设计发展至今，越来越精细的知识体系已经告诉人们，它并不依从于艺术学。虽然与其存在着理论与实践各方面的密切联系，但设计中仍然有诸多工学方面涉及的内容。环境艺术设计学科介于艺术学与工学之间，具有很高的自身独立性。对于艺术学，我们只有在充分理解的基础上把其基础理论和实践方法牢记心中并努力做到灵活运用，工作才能够更加顺利地开展，并最终达到和谐处理环境与人之间关系的最终目标。

（三）心理学

环境艺术设计工作中，研究人与环境的关系，处理并努力调整好人在环境中的心理状态，势必要了解心理学的部分研究内容。心理学（Psychology），是研究心理现象和心理规律的一门科学，它旨在按照科学的方法，观察、思考与研究人的心理过程（包括感觉、知觉、记忆、思维、想象和言语等过程），从而得出适用人类的、一般性的规律，进而更好地服务于生产和实践。[③]

（四）植物学

环境中存在着各种生物，其中植物占据着很大的比例。在各类环境的设计

---

① 张朝晖. 环境艺术设计基础［M］. 武汉：武汉大学出版社，2008：64.

② 濮苏卫. 现代环境艺术设计创意与表现［M］. 西安：西安交通大学出版社，2002：62.

③ 凌士义. 环境艺术设计表现技法［M］. 长沙：湖南大学出版社，2006：27.

中，我们都需要利用植物的有利方面，更好地改善周边整体环境。植物学，是研究植物的形态、分类、生理、生态、分布、发生、遗传、进化的科学。① 它包括了研究植体结构及形状的植物形态学；研究植物功能的植物生理学；研究植物与环境间的交互作用的植物生态学；以及研究植物的鉴定和分类的植物系统学四个主要研究领域。

了解各类植物的形态特征，才能很好地发挥其造景性能。如形态优美的单个植物可以作为环境的视觉中心；成组搭配的植物可以形成空间的界面等。研究各类植物的功能，才能在环境造景中综合利用它们的生态功能、空间构筑功能美化功能和实用功能。掌握各类植物的特点，才能因地制宜，选择适合环境的植物类型。如喜阳的植物不能种植在长期阴暗封闭的环境中；一些热带植物不能勉强种植或移栽到北方寒冷地区等。② 另外，更为重要的是，我们必须要按照植物学的科学要求，遵循植物的各种配置原则：有根据环境空间的功能合理配植植物；根据植物的形态和习性选择植物；根据植物的种植形式合理搭配；植物配植与构图的关系等。③

（五）材料学

人们创造与建设环境，进行具体的工程项目施工，使设计由概念变为现实，依赖的是各种各样的材料。材料的搭配使用是设计得以实现的有效语言。在设计中，材料是与光、色彩环境设计一起，并称为环境艺术设计的三大重要方面。了解并合理使用材料，并不仅仅是依靠眼睛或者手的触感得到的表面信息材料的特征、稳定性、物质组成、结构特点等内在属性才是其根本。而材料学就是研究材料各类性能及其之间相互关系的一门学科。④ 研究方向中的材料新技术开发，特种新材料设计，现代高性能复合材料开发等都是直接影响环境艺术设计实施与发展的重要方面。在成功落幕的上海世博会上，各国场馆和环境设计运用了大量的新材料新工艺，使人耳目一新的同时宣传着绿色节能环保的理念。这就是现代材料学的发展带给环境艺术设计的新的思想与契机。它可以为设计中的材料使用、制造、工艺优化和合理搭配提供科学的依据。

由上可知，环境艺术设计工作必备素养广博、深厚、融合环境艺术不是纯欣赏意义的艺术，不仅表达艺术家个性的作品，而且是一门综合学科，是多学科、多专业交叉与融合的产物。环境艺术设计的多学科特征表明了它有丰富的

① 张葳，李海冰．环境艺术设计［M］．武汉：湖北科学技术出版社，2004：76.
② 陈祉音．浅析环境艺术设计的发展研究［J］．福建茶叶，2020（1）.
③ 朱晓鸿．环境艺术设计的探究［J］．科学与财富，2019（20）.
④ 李砚祖．环境艺术设计的新视界［M］．北京：中国人民大学出版社，2002：82.

内涵和广阔的外延，这就反过来要求环境艺术设计工作者既要具备坚实的理论基础和广博的知识以及良好的艺术素养，又要掌握丰富的实践经验。简言之，可以概括为广、深、融，理论与实践、科学与艺术的融合。

第二章　环境艺术设计的理论与美学规律解读

环境艺术设计是一门实用艺术和审美艺术，它不同于绘画、雕塑这些纯欣赏意义的艺术。由于环境艺术设计的多学科性、广延性、系统性的基本特征，我们在研究环境艺术设计时有必要对构成其主要理论基础的学科知识以及美学规律进行了解。虽然这些学科并不要求熟练掌握，但对于我们理解环境艺术设计的基础还是十分重要的。因为环境艺术知识内核的形成来源于这些学科，是它们构成了环境艺术的理论基础。本章主要系统论述了环境设计的相关理论，并解读了环境艺术设计的美学规律。

第一节　环境艺术设计的理论基础

一、建筑人类学

诞生于 19 世纪的文化人类学，以其对人类传统的观念、习俗（包括思维方式）及其文化产品的精致研究，而在世界文化史上产生了深远的影响，并且被应用于建筑学领域。文化人类学认为[①]，文化传统的发展趋势，是个性特征的集合。而群体（或集体）的特征，就是对共同事物的理解方式和共同具有的价值观念及类似的情绪反应。当代建筑思潮中的"寻根"意识，即对集体无意识中某一传统建筑文化模式的认同。

传统问题在当代设计领域受到重视的一个直接缘由，是现代主义所造成的负面影响——城市与建筑环境美学上的变质。具体讲就是感性知觉及其与人的精神保持同一性的性格特征，以及建筑与自然和人文环境同样的象征作用，大都被工业理性主义和商业功利主义所掩盖或丢失了。从城市生态学的角度来

---

① 朱晓鸿. 环境艺术设计的探究 [J]. 科学与财富，2019（20）.

看，这已不仅仅是一个是否继承传统的问题，而是与人类生存环境的发展息息相关。人文环境作为一种社会生态系统，必然要在发展进化中继承历史，延续传统。

建筑人类学的首要目标是为建筑历史与理论研究提供了一种方法论补充，从文化生态进化的高度，重新认识传统建筑的内在价值与意义所在。其次，它也可以为建筑创作理论提供一种方法论基础。建筑人类学既反对为新而新，也不主张怀古恋旧，而是开辟了一条在特定自然与人文环境中体察人的观念和行为与建筑的关系，从而形成设计前提的途径；并且在传统的延续中进化，使集体无意识进入到创造层次。因而，建筑人类学并不停留在对传统建筑的理解和注释上，而是同时有助于建筑创作中悟性的提高及建筑潜能的发挥，使建筑给人以精神感受和审美愉悦。这对于环境艺术设计同样重要，室内设计不是为了承继传统而承继传统，其目的是为了人的居住，承继传统是因为传统中具有值得发扬的文化精神和品格。

不同的人类社会组织，都以各自独特的方式建立和发展起自己的聚落和城市建筑文化模式。这些模式一方面反映了生态系统、技术水准、生产和产业方式，以及特定观念形态的潜在作用；另一方面亦反映了普遍的继承及其与特定形式的关联。因此，建筑人类学首先要考察各种异质环境的本质，即深层地把握场所精神以及影响设计形式的潜在动力，以具体的环境材料来论证对城市空间的体验与反应方式，并通过社会交流系统来发现建筑的各种潜在意义，也就是说，它致力于探讨建筑的本质，以及如何以社会交流系统中人的习俗和行为为中介，使外在的意义空间——场所精神转化为建筑的意义空间。

注重第一手实际材料的调查，是文化人类学最基本的研究方法，建筑人类学、环境艺术设计亦然，它们是非思辨的，直接与具体的环境对话。[1] 通过考察与体验取得城市与建筑的环境材料，其中包括空间物质结构方面的内容和观念、习俗等非物质结构方面的内容，其考察要点可以简洁地概括为以下四个方面：（1）城市聚居的物质结构；（2）城市建筑的拓扑学特征；（3）城市模式的历史进化；（4）建筑空间与社会行为的相互关系。

建筑人类学认为[2]，要使外在的意义空间——场所精神，转化为有意义的建筑空间，就要把建筑看作社会交往中人的各种行为的组织形态。它是通过体现观念、习俗的社会行为及其组织形态，而转化为建筑空间的意义。

建筑人类学可以帮助我们理解以往建筑空间的意义，又可以帮助我们创造

①　张丹丹．浅析环境艺术设计 [J]．技术与市场，2015，22（8）.
②　邓清．环境艺术设计及其个性化分析 [J]．北极光，2018（1）.

新的有意义的建筑空间和生活空间，创造一个美的宜人的生活环境。

二、环境美学

环境美学把环境科学与美学结合起来，是综合生态学、心理学、社会学、建筑学等学科知识而形成的边缘学科。环境美学是随着人类对美的追求，随着人类环境的生态危机出现后人类对自己的生存环境的哲学思考而产生的。①

后工业社会和信息社会以来，人们所面临的挑战，已经不再是为了基本的生存权与自然所进行的一场搏斗，而是人类为了自身更好地生存与延续并反思人为的生产过程和产品。这种挑战在设计界也同样存在，设计既给人创造了新的环境，又破坏了既有的环境，设计既带来了精神的愉悦，又经常是过分的奢侈品；设计既有经常性的创新与突破，但这种革命又破坏了人们所熟悉的环境和文化传统，而强加给人们所不熟悉的东西。

科技的进步推动人类社会的发展，但同时也带来了人类文明的异化。生态环境已被破坏到无以复加的地步，远远地超出了它的自我调节能力。人们生活在钢筋水泥的丛林里，丧失了自然的天性，然而，人们对环境的生物性适应能力是有限度的，而且是改变不了的。越是高度的文明，越是充满了各种矛盾和冲突，人们的需求也越复杂，对自身的生存环境也越来越重视。环境美学的意义在于它揭示了人类的理想与愿望，这些理想和愿望作为人类生活的目标激励人们不断地努力和追求。

三、技术生态学

技术生态学包括两个方面的内容：一是环境生态，二是科学技术。技术生态学要求在发展科学技术的同时密切关注生态问题，形成以生态为基础的科学技术观。②

科学技术的进步直接促进了社会生产力的提高，推动了人类社会文明的进步，而且给我们的生存环境带来了前所未有的、天翻地覆的变化。就环境艺术而言，新的科学技术带动了建筑材料、建筑技术等日新月异的发展，并为环境艺术形象的创造提供了多种可能性。辩证地讲，任何事物的发展都具有两重性，技术的进步也同样如此，科技发展的效果也是正负参半。③ 科技的进步解

---

① 李砚祖，李瑞君，张石红. 空间的灵性——环境艺术设计 [M]. 北京：中国人民大学出版社，2017：179.

② 林立，张翠青. 对环境艺术设计的生态性解读 [J]. 艺术品鉴，2018 (1).

③ 李文帅. 环境艺术设计中的生态理念问题 [J]. 现代物业（中旬刊），2018 (11).

决了人类社会发展的主要问题，但在解决问题的同时也带来了另一种问题，这就是生态的破坏。生态问题成为人类生存的新的困境之一。

由于各地社会经济条件和科学技术水平的不同，生态系统和人类生产活动为核心的人工生态系统的态势也不相同。因此，各个地区实现现代化过程中需要根据生态系统的具体情况采取不同的措施，最大限度地发挥生态系统的效能，又要避免对自然环境的破坏；而这些措施既要考虑自然条件，又要考虑社会条件，应当把生态系统调整的效率作为衡量现代化程度的标志之一。

总之，我们要综合地、全面地看待技术在营造中的作用，既不能轻视技术，也不能走"技术万能""技术至上"的极端。我们要正确处理技术与人文、技术与经济、技术与社会、技术与环境等各种矛盾关系，因地制宜地确立技术和生态在环境艺术设计中的地位，并适当地调整它们之间的关系，探索其发展趋势，积极、有效地推进技术的发展，以求得最大的经济效益、社会效益和环境效益。

四、人体工程学

环境艺术设计不仅是艺术上的创作，它更是科学技术上的创造。因此，环境艺术设计是艺术与科学技术结合的产物。随着设计中科学思想的渗入，科学含量的加大，环境艺术设计的方法也逐渐从经验的、感性的阶段上升到系统的、理性的阶段。环境艺术设计学科的发展，一方面是建筑技术，包括声、光、热学，建筑材料的研究；另一方面则是："人与设施与环境"关系的研究，即所谓的"人体工程学"（Ergonomics）。[1]

人体工程学的名称很多，包括人类工程学（Human Engineering）、人因工程学（Human factors Engineering）、人—机系统（Man-Machine System）等。从内容上可以分为两大类：设备人体工程学（Equipment Ergonomics）和功能人体工程学（Functional Ergonomics）。

人体工程学是与人相关的科学信息在对对象、体系和环境进行设计中的应用，它涉及人类生活的方方面面，其宗旨是研究人与人造产品之间协调关系，通过人—机关系的各种因素的分析和研究，寻找最佳的人—机协调数据，为设计提供依据。设计是为人类追求生理和心理需求满足的活动，应该说有两个学科是直接为设计提出人—物关系可靠依据的，即人体工程学和心理学，特别是消费心理学。

人体工程学的核心是解决人、机之间关系的问题，其中包括：（1）人造

---

① 曹瑞林．环境艺术设计［M］．开封：河南大学出版社，2005：91.

的产品、设备、设施、环境的设计与创造；（2）对于人类工作和活动过程的设计；（3）对于服务的设计；（4）对于人类所使用产品和服务的评估。

人体工程学的目的有以下两个方面：（1）提高人类工作和活动的效率；（2）保证和提高人类追求的某些价值，比如卫生、安全、满足等。人体工程学的接触方式和工作方法是把人类能力、特征、行为、动机的系统方法引入到设计过程中去。

人体工程学是环境艺术设计的重要理论基础，它综合体现环境艺术在目标、方法和意义几个层面的内容，并且，由于它的依据直接来自人体的参照尺度，使得这门学科具有很强的可操作性。

五、环境行为学

环境行为学的研究始于 20 世纪 50 年代，它研究建筑环境是如何作用于人的行为、性格、感觉、情绪以及人如何获得空间知觉、领域感等内容为主的学科。在环境行为学的研究中，美国学者霍尔（E. T. Hall）提出了邻近学（Proxinuics）理论，指出了不同文化背景下的人，是生活在不同的感觉世界中，他们对同一个空间，会形成不同的感觉；而且他们的空间使用方式、领域感、个人空间、秘密感等也各不相同。① 这就从行为角度否定了国际式风格的千篇一律的处理方法。霍尔把邻近学定义为："邻近学是研究人如何无意识地构筑微观空间——在处理日常事务时的人际距离，对住宅及其他建筑空间的组织经营，乃至对城市的设计"②。邻近学的主要研究方向是：个人空间和身体的缓冲带，面对面交往时的空间姿态，室内外环境的空间布置，不同文化条件下对空间的知觉类型，以及固定形体和半固定形体的空间特性等。

随着现代主义建筑在使用中问题的不断暴露，环境空间的安全性问题、可识别问题的研究也日益迫切，这些也都给环境行为学提供了新课题。环境行为的研究，又促成了如何创造新型的空间，这直接影响到"景观办公室"和"中庭空间"的出现。人的行为已经越来越成为设计的焦点。

六、信息化与智能化理论

信息化、智能化的环境艺术设计是时代给我们提出的要求。一方面，人类需要更高效的方法来建设安全舒适的生活。在现代生活的压力下，安全、舒适

---

① 徐进. 环境艺术设计制图与识图 [M]. 武汉：武汉理工大学出版社，2008：106.
② 张绮曼，郑曙阳. 室内设计经典集 [M]. 北京：中国建筑工业出版社，1994：18.

等词汇的概念又在不断地更新。另一方面，当人类通过科技获得了环境的主宰权后又反思怎样有效并可持续使用有限环境的资源，所以对科技又提出了更高的要求——节约能耗，减少污染。

在这样的背景下，信息化、智能化的环境艺术设计迫在眉睫。要想真正实现人与建筑、自然的和谐共存，就必须引进新的建设理念，从根本上解决人们的住宅节能问题。这是节约能源的需要，是环境保护的需要。

信息化、智能化不仅改变了人们的生存空间，而且也影响到了我们对生存空间的创造。它主要体现在两个方面：一是计算机、多媒体全方位的运用，二是智能化建筑的诞生。

1. 计算机、多媒体全方位的应用

环境艺术设计中，计算机、多媒体的介入，把设计师们从笔、墨、纸、图板和丁字尺中解放出来。设计师将计算机作为丰富想象力和创造力的有力手段，他们可以在计算机上随心所欲进行各种试验，以获得理想的或预期的效果。电脑作为一种设计工具正在赋予建筑师更多的自主和自由。

2. 智能化建筑

它一般具有三个特征：（1）建筑设备的自动化；（2）办公的自动化；（3）通信的自动化。电脑控制了所有的建筑技术功能，包括室内气温调节、供暖、防晒和照明，最大限度地减少能量消耗，最大限度地发挥建筑的经济和生态效用。由于装在墙壁上或屋顶上的太阳能电池能提供所需的部分能源，有些建筑有不依靠外界而独自运作的功能。而且，建筑物作为其内部空间与外界环境间的中介，随着其功能的日趋完善，建筑物外层结构的性质也在发生变化，其技术含量更高也更加美观。

数码技术正在使建筑业走上自由发展道路，传统的内容与形式、功能与结构的联合与统一关系被逐渐打破。电脑网络和工作站可以在任何场所发挥其作用，电脑控制的建筑管理系统既可以安装在新型建筑中，也可以装进古老的城堡中。传统的设计观念正受到前所未有的冲击，数字化生存的空间是我们面临的现实问题。

第二节　环境艺术设计中的语言学阐释

一、环境艺术设计的语言基础

（一）空间与实体

1. 空间——行为的容器

现代建筑思想将空间作为建筑与环境创造的基本对象，其中包含对环境作为人类活动情境的深刻认识。当然，将机械的不加区别的功能等同于人类活动需求本身及在此基础上发展的功能主义教条，则歪曲了空间作为行为容器的本质内涵。

环境创造的根本目的是创造为人使用和参与的场所，一个特定的空间只有在吸引了特定行为参与的时候才成为场所，所以，空间是行为的容器。

然而，空间作为行为容器的性质不应该在原始的容器的意义上来理解，因为空间所容纳的行为是社会性的，因而具有极其复杂的品质。空间对行为的容纳不仅限于容纳入口或满足简单的功能，它必须满足人类的更深层的生活需要，适应各种不同行为。这一点是城市环境艺术设计作为一个学科存在的依据。

2. 实体——意义的载体

实体是空间塑形的基础。根据实体与行为的关系，可以将其区分为柔性实体和硬性实体两种：树木、花草、水体等同为具有行为的可介入性和可塑性而显示为柔性实体特征；硬质地面、墙体等则塑造出坚实的空间界面，这种实体形式因为具有对行为的强规定性并显示出明显的作为实体的性质，为硬性实体。①

实体本身具有不可介入性，但由于任何有意义的空间最终都是实体组织的产物，因而实体是一切空间形象形成的基础。它决定空间的形状、尺度气氛、质地等可以为感觉感知的方面。这些方面同人的空间经验和文化传统相结合，成为空间意义传达的基础。

实体的意义传达一般通过以下途径来实现：

① 陈祉音. 浅析环境艺术设计的发展研究 [J]. 福建茶叶，2020（1）.

（1）行为的限定——通过围护、阻隔、连接等手段来规定行为的可能性。

（2）知觉心理的刺激——通过材质、尺度、色彩、工艺等来影响知觉心理。

（3）符号的指示——通过具有特定意指的形态和组织方式来表达特定意义。

3. 环境艺术的维度

空间与实体在环境设计中是一对互为条件的要素。实体因为对空间的塑造而具有环境基本要素的实质，从而有别于雕塑所采用的实体形式，成为人置身其中的空间的规定者。抽象的空间只是无意义的虚空，环境艺术设计中的空间由参与环境整体构成的各种实体来加以限定，实体的形态和相互关系具体规定了环境的氛围，可以承载的行为，作为符号的意义以及与周边环境的关系。

在设计中，实体与空间的关系反映为各种获得空间形式的方法。一般可以从以下三个角度来把握实体与空间的基本关系：

（1）形态关系：形态关系是指构成环境的形式的基本要素的相互关系，即形式是如何形成的。[①] 它所关注的是地面、墙体和顶面的具体结构，或者说是研究空间界面之间的关系。这种关系中包含着尺度、色彩、质感及其他形式要素的综合作用。

（2）拓扑关系：拓扑关系表明空间的秩序，在环境设计中即"空间的组织"。[②] 在城市尺度上，空间组织的基本元素为中心、路径和区域，而在较小尺度的环境设计中，这些基本元素则表现为场所（点）、道路（线）和领域（面）。其中，场所是通过实体的塑造而能够吸引活动的空间，领域则是通过对实体空间分隔的约定而占有的空间。无论环境设计所选用的形式如何，最终必须赋予这些基本要素以良好的关系才能保证其成为优良环境的基础。

（3）类型关系：类型关系关注环境中的模式现象。我们总是将事物划分为有限的类型，以便于把握。环境的类型表明环境的相对稳定性，它们并非是无休止变化的。[③]

（二）实体与空间的关系依据

1. 自然环境

一方面，自然环境是人为环境创造的基础和参照；另一方面，自然环境是

---

① 孙兆奇，崔虎杰. 环境艺术设计中表现方式的探讨 [J]. 绿色环保建材，2019（7）.

② 殷盛男. 环境艺术设计存在的问题及对策 [J]. 明日风尚，2018（9）.

③ 林雪松. 论环境艺术设计的创新源泉 [J]. 文化月刊，2018（7）.

聚落、城市或建筑的背景，城市环境和聚落环境与广阔的自然环境形成一个复杂的环境系统，自然环境是人为环境创造的前提和基础。因而，自然地貌、景观、氛围也总是影响着环境的建构。

优秀的环境规划通常能够建立与自然环境的协调关系，其中以中国传统私家园林表现得最为突出，其所创造的环境与自然水乳交融、难分彼此。从审美或现代生态学的角度来衡量，具备这种品质的环境设计无疑都是人类环境设计登峰造极的杰作。

当代环境设计正在重新赋予自然以核心地位，从麦克哈格的《设计结合自然》发表以后，将与自然的融合与协调作为环境设计的价值核心的原则逐渐确立。最近十几年，伴随可持续发展概念的提出和生态建筑学的发展，结合自然的环境设计已经成为极受重视的设计原则。

2. 秩序

秩序是人类的一种基本心理需求和文化的基本特征。从城市环境的角度来看，秩序实际就是环境的可把握性和可理解性，或者就是城市的可意象性。

3. 空间行为与环境心理

环境的主体是人，因而环境设计的优劣往往可以通过对其与空间行为适应性的考察来加以衡量。空间行为通常有模式化的特征，这与文化心理的稳定性相吻合。人们在空间中的活动方式并非总是随机的，它们表现出特定的趋向并受文化传统和生活方式的影响。根据空间行为的一般规律，环境设计中的一些原则就可以建立起来，如"边界效应"可以导向"边界作为活动的支持"的设计原则，而由"近接效应"则引向出入口和各种活动场所等行为集中点在空间距离的接近和范围的交叉。

因此，人们在环境中的行为趋向及相关的心理需求，必须作为环境设计的基础来加以重视。城市环境能否与生活在其中的人建立良性的互动关系，关键也在于环境的设置与空间行为和环境心理的相融合。

4. 情境

环境艺术设计是在具体情境中的创造。构成情境的因素很多，包括所在地域的地理特征、文化传统、气候条件、历史渊源等。[①] 环境艺术设计不是抽象的创作，它同与环境关联较少的绘画等艺术门类不同，其品质优劣在很大程度上要根据与所在情境的协调程度来加以判断。

当代建筑思潮对情境的关注表现为多种不同的形式，例如乡土主义、象征主义、类型学、生态建筑学。

---

① 张丹丹. 浅析环境艺术设计 [J]. 技术与市场，2015，22（8）.

二、环境艺术设计的基本语言形态

（一）空间的围合

围合是空间形成的基础。缺乏围合的空间因为没有可识别的实体约束，难以显现明确的意义。围合的形成方式和构成元素是多种多样的，可以是一般人们常见的建筑物、构筑物或植物的围合。各种不同强度的边界形式也有助于空间灵活地划分，并使空间具有不同的围合程度，如水面高差，植物、地面材质的变化硬质和软质的两类景观元素均可以作为围合的手段。

围合感的形成与围合度有密切关系，而影响围合度的因素很多。一方面，实体围合面达到50%以上时可以建立有效的围合，单面或低矮的实体则通常只被作为"边沿"来理解。这种边沿对领域的规定不具有强制性，更多是一种空间划分的暗示，要发挥作用必须依靠特定的社会约定对此类空间按规定划分。另一方面，空间围合感的形成也与特定空间的尺度及其与周边环境要素的对比关系密切相关。

（二）空间的联系

城市外部空间的感知不仅通过固定立足点的观察获得，而且必须通过不同的空间局部之间的联系建立一种连续的印象，使人们可以拼合各个局部意象来建立整体意象。

西方城市环境的建构一般是通过不同空间局部，共同形成一定的易于观察的形体，建立相互之间的联系。因而，空间与实体的图形、主次、轴线以及建筑形态的统一往往极受重视。

中国传统环境观念则更多地通过形式的统一、环境的渗透、景物的借对，以自然有机形态的创造来建立空间的联系。一般而言，传统私家园林没有明显的视觉中心，空间序列感也不突出，不强调轴线关系，但近乎自然的形式组织却充满活力与趣味，可以保证建立一种统一的印象。其中建筑多采用灰色调或突出材料本色，形式空透，从而使建筑可以很好地与林木山池作为主体的环境相融合。

各空间之间联系元素在环境联系方面的作用十分重要，它们充当着从个主体空间到另一个主体空间的过渡作用。具有这种效果的元素有很多种，如台阶、路径、绿化带、构筑物等，均可以充当从一个场所到另一个场所的引导。

（三） 空间的层次

空间的联系和分离产生出空间的层次。

空间层次的组织，一方面，可以按照传统的构图理论来进行，利用轴线对位及其他组织方法，形成空间大小、形状、组成色彩、质地等方面的差异，从而形成空间的层次感，这种方法主要着眼于环境整体在通过视觉感知所形成的等级秩序。另一方面，则是从行为心理和社会心理的角度寻求空间层次与人类生活深层结构的对位，建立起与环境认知结构相吻合的空间结构划分。[①] 其中最具代表性的方法是基于领域层次概念发展的空间组织方法。

1. 空间视觉层次的组织

空间视觉层次的组织不仅限于寻求某种特定的造型，而是利用视觉感知来形成一定的空间印象，并创造独特的环境氛围。

利用实体的尺度和形式可以有效地区分空间的主次，具有巨大体量和特殊形式的实体元素往往暗示着相关空间的重要性。

由实体围合的空间的尺度和形式也是决定空间层次的主要因素。与一个较大空间相邻接的小空间通常会被理解为大空间的附庸。而狭长的道路空间也通常被作为两端开阔空间的连接部分来看待。一般而言，形式突出、尺度较大的实体或空间在环境整体印象中占据着更加重要的地位。当然，如果个空间或实体具有非常突出的形式，即便其尺度相对较小，也往往能够从环境中脱颖而出，成为环境的主角。

利用材质、色彩和分隔的变化也可形成空间层次的划分。

空间的视觉层次组织的核心就是如何对主次、图底、普通与独特、序列的展开与收束、轴与侧的关系进行处理。

2. 领域层次的组织

领域是指人在事实上或心理上占有的一定范围的空间。[②] 根据占有空间范围的社会单位的不同，可以划分为个体的领域、家庭的领域和社会群体的领域等不同类型。城市环境设计经常要满足不止一种类型的领域要求。

一般将领域区分为公共领域、私密领域和半公共半私密领域三个层次，这三个层次必须通过空间划分的对应才能为知觉所把握。公共领域是为社会群体所共享的空间；私密领域则为个体、家庭或某社会单位所专有；半公共半私密领域是二者的过渡。但不能简单地将三者从空间上完全割裂开来，事实上这些

① 屈德印. 环境艺术设计基础 [M]. 北京：中国建筑工业出版社，2006：124.

② 陈斌，李森，尹航. 环境艺术设计表现技法 [M]. 重庆：重庆大学出版社，2010：96.

领域层次经常是重叠和嵌套的。

领域感的确立依赖于明晰的边界形态。有明确边界的空间的结构更容易把握，领域属性也更容易确定。

奥斯卡·诺曼（O. Norman）的"可防卫空间"理论为领域层次组织提供了一种基本结构模式。[①]

（四）空间的尺度

城市环境设计的尺度同建筑设计的尺度一样，都是基于对人体的参照。对环境尺度的控制是保证环境认知的重要方面。一般来讲，过大尺度的空间或区域划分往往因为边界意象的模糊而造成知觉的困难。

（五）空间的序列

所谓的空间的序列，一方面，是为不同活动赋予相应空间并建立一个统的秩序；另一方面，空间设计中往往出于某种目的而利用空间形式的变化，其意义不仅仅是为了满足活动的需要，而是利用空间形式的有序变化来刺激人的感官，引发某种心理反应。

空间序列设计的常用手法具体分析如下：

（1）空间的导向性：空间导向性是指通过各种环境要素的配置和限定来对观察和移动方向的引导。[②] 缺乏良好的导向性，一方面造成方向的混乱，另一方面也因为分散观察者的注意力而削弱空间序列的力度。良好的导向性的形成不可能依赖路标和文字说明，环境要素的良好组织是实现空间导向性的基础。一般来讲，利用色彩、材质、线条等形成方向暗示；利用铺地、列柱、绿化等有节奏的配置来引导方向；对通行路线进行限制（如故宫采用的多重设置的门道）等都是建立导向性的有效方法。

（2）视觉中心的设置：现代城市空间大多采用开放形式，一般很难按照中国传统的方式来组织空间序列。[③] 在这种情况下，突出环境的视觉中心对于序列的形成至关重要，通常充当视觉中心的是具有独特形式或尺度巨大的实体，如高大建筑、纪念碑、雕塑。有时一处空间也会成为视觉的焦点，这种空间一般具有特别的形状和足够的尺度。此外，如果一个空间能够吸引大量的活动，其成为视觉中心的可能性就将大大增强。

① 陈飞虎．环境艺术设计概论［M］．长沙：湖南美术出版社，2004：107.

② 沈竹，吴魁．环境艺术设计手绘表现［M］．哈尔滨：哈尔滨工程大学出版社，2008：90.

③ 濮苏卫．现代环境艺术设计创意与表现［M］．西安：西安交通大学出版社，2002：134.

对于局部环境，可以作为视觉中心的元素就更为丰富，一片水体、一件小品、一个构件、一株树木、一处色彩和材质的变化都可能因为与周围环境的区别而受到关注。善于利用这些细微方面的变化来创造层次丰富的空间效果，是一个优秀设计师必备的基本素质。

（3）空间形式的对比与统一：空间序列的全过程，就是一系列相互联系的空间的过渡与转折。对空间序列的不同阶段，采用不同的空间处理，在空间大小、形状、色彩、材质、组成等各方面形成差别，本身是阶段区分的基本要求，也是实现序列预期效果的必由之路。与此同时，无论空间处理上差距有多大，保证各个空间意象的联系，使之具备一定的统一感也是必要的。因为唯有如此，各个空间环境局部才能获得联系，被视为整体的组成部分。由各部分组成的整体的力量要远远超过任何一个环境局部的力量。

（六）空间的文脉

所谓文脉，广义地讲就是文化和文明的脉络。对于环境艺术设计而言文脉主要就是设计对象所在区域的自然的和人文的环境，其中包括区域环境的特征、历史、建筑和文化传统等诸多方面的内容。[①] 把握文脉的方法有很多种，下面仅对比较典型的方法进行系统分析。

1. 与周围环境的协调

与周围环境进行协调的关键在于保持环境的整体性和连续性，也就是说，新建环境必须与原有环境构成整体。一个新的环境规划应该能够融合于原有的环境，并成为环境整体中的优化元素。

般的方法是在风格和形式上与周围环境保持一致或明显的联系。另一种方法是通过新建环境与原有环境的对比来建立整体的协调。

2. 城市历史元素的引用

引用城市历史元素，是在更大尺度上寻求文脉延续的一种方法。采用这种方法时，局部的环境设计可以不仅仅停留于与周围小范围环境的协调，而是通过引进与城市历史有密切关联的环境元素来建立与城市整体的联系。这种方法对于城市环境整体的整合极为有益。

所引用的历史元素可以以符号的形式出现，也可以以空间布局、类型的形式出现，但必须保证引用的有效性，即引用元素是可以识别的。这样，元素所传达的意义才能被充分和方便地理解。

---

① 孟晓军. 基于多维领域环境艺术设计［M］. 长春：吉林美术出版社，2019：18.

3. 区域印迹的保留

一个区域原有的构筑物、地貌等是构成区域印象和记忆的重要元素，一旦这些元素被彻底清除，新建环境就将失去其历史的标识。区域记忆的依托的消失将造成记忆延续和发展的困难，只对原区域形象留有记忆的人也难以重新识别这一区域。

可以充当区域印迹的东西很多，一棵树、一个院落、一处断房，都可以成为文脉的提示。这些印迹的保留远比简单的某种形式风格的符号引用更有价值，更能赋予环境以真正的场所品质。

第三节　立体构成与环境艺术设计

一、立体构成与环境艺术设计的关系

（一）立体构成中的形态要素

立体构成作为各大高等艺术院校设计基础必修课源于 1919 年德国包豪斯设计学院所倡导的"艺术与技术统一"的教学理念，主张在教学中不仅仅培养学生的独立设计能力，更强调培养学生的创造能力。在造型的表现上，包豪斯学校主张构成的主要表现形式体现为"一切作品都要尽量简化为最简单的抽象几何图形，用一种理性的逻辑思维形式，运用形式美规律使立体构成趋于更科学性，更合理性的架构组合"。[①]

随着时代的发展，观念的不断更新，对立体构成课程提出了更新的课题要求，要求立体构成理论不断地更新、拓展。包豪斯设计体系强调以纯粹的抽象形态用理性化的思维模式进行抽象形态创造，作为当下的现代设计中的立体构成教学，还应当注重教学衔接"系统化"，把多个知识点结合起来，教学内容"专业化"，让立体构成教学为专业所用，体现立体构成的应用性。

在研究立体构成与环境艺术设计的关系之前，我们首先观察立体构成中的形态和构造。形态可分为自然形态和人工形态，无论两种形态变化有多丰富，但是概括起来都可以归纳为简单的基本抽象形态构造——圆球圆柱、圆锥、棱柱、棱锥、立方等。这些基本抽象形态构造即为立体构成的形态构成基本要

---

① 文增. 立体构成与环境艺术设计［M］. 沈阳：辽宁美术出版社，2014：73.

素。立体构成课程正是利用抽象的形态和构造辅以材料要素，按照视觉效果，形式美法则以及力学和心理学及物理学原理进行空间组合。

在立体构成中，形（由点、线、面、体构成）、色彩、肌理构成了形态的三大构成要素。

（二）环境艺术设计中立体构成抽象形态的表现

立体构成中的形态要素（点、线、面、体）是环境中各种形状、轮廓的特征，由内在结构、外在结构、材料的肌理质感等形成了综合的构成。环境艺术设计同样也是运用构成形式规律，将各种要素进行空间组合。

在环境艺术设计空间里，很多物体都可以看作是点，它所处的位置相对于整个空间来说足够小。例如，酒店餐厅棚顶的装饰灯，在室内空间里的家具，一面墙上的一幅画等都可以视为点。

无论是室内空间还是室外景观的形式、结构、构造等都离不开线条所营造出的特殊效果。一般房间的设计是由许多不同的线条组成的，连续线条具有流动的性质，在室内经常用于踢脚板、挂镜线、装饰线条的镶边，以及各种在同一高度的家具陈设所形成的线条，如画框顶和窗框的高度一致，椅子、沙发和桌子高度一致等。合理运用线条可以大大改观室内效果，体现出空间的韵律美。

在室内空间设计中，大到房屋的棚顶、两侧墙的立面及地面，小到房屋里的一扇门，家具的一个桌面，都会给我们以面的感受。

因为体的形态是无限多的，几乎是无处不在的。在艺术设计中通常用它来限定和创造空间，如展示设计中错落有致的展台和展柜所限定的空间，公园里成群的花草树木围合的空间，室内的陈设，广场中央屹立的雕塑等。

二、立体构成在环境艺术设计中的体现

（一）立体构成形式美法则的构成方法

1. 对称与均衡

对称的形式比较多，常见的有以中轴线为对称轴的左右对称，以水平线为中心轴线的上下对称，以中心原点为放射对称等。从物理学角度可以解释为：两侧同形同量，支点位于中央，可形成对称式稳定。立体构成中应用对称形式特点，在视觉上达到庄重、严肃、条理、大方完美统一的效果。[①] 但应注意过

---

① 吴建刚，刘昆. 环境艺术设计 [M]. 石家庄：河北美术出版社，2002：85.

分对称也会带来负面感觉，因为过于完美，缺乏变化，会给人静态、拘谨、呆板、单调和乏味的感觉。

用物理学来解释平衡，即是以支点为重心，保持形态各异却量感相同，达到力学的平衡形式。但在立体构成中指的不仅仅是物质形态在物理上力量的平衡，它还应考虑视觉心理稳定对人产生的影响，往往心理量感的稳定才是平衡效果的关键。视觉心理稳定可分为：中心式稳定、均衡式稳定、对称式稳定及习惯性稳定等四种表现形式。除对实际重心的考虑外，还需注意重量和度量的平衡，方法与量的关系，排列中的视点停歇，形态的联想与视觉习惯等。

2. 简练与单纯

立体构成是运用简练与单纯的形式原理，将复杂的形态结构简洁化、秩序化，以突出形态结构本身的特征，引起人们的注意，增强视觉效果；简洁和秩序化更容易使人识别和接受。

3. 对比与调和

对比是指立体构成要素以对比方式互相展现各自不同的面貌和特点，使原有的个性更加鲜明突出。① 立体构成正是运用这一形式美原理，通过形体、色彩、材质等方面的对比，使造型产生生动活泼的感觉，从而形成强烈的视觉效果。

调和是指突出立体形态构成要素共性的一面，减弱有差异的另一面，以求获得和谐一致的效果。② 立体构成中，通常将复杂烦琐的各种要素进行形式上的统一，以形成整齐的协调感觉。

对比与调和是相辅相成，缺一不可。立体构成可以通过以下几个方面来体现对比与调和的关系。

（1）形体的对比与调和。

（2）色彩的对比与调和。

（3）实体与空间的对比与调和。

4. 节奏与韵律

节奏是指事物有规律性的重复。立体构成节奏的表现是将形态按照一定的条理、秩序、重复连续地排列，形成一种律动的形式。③

在节奏中注入个性化的美感情调，即为韵律，韵律是节奏的高级形式。在立体构成中，韵律表现形式有：

---

① 王向阳. 浅谈环境艺术设计 [J]. 明日风尚，2018（20）.

② 朱晓鸿. 环境艺术设计的探究 [J]. 科学与财富，2019（20）.

③ 孙兆奇，崔虎杰. 环境艺术设计中表现方式的探讨 [J]. 绿色环保建材，2019（7）.

（1）重复韵律

利用色彩、形态、物体肌理、材质等造型要素做有规律地反复排列，以此营造出视觉的连贯性，起到加深人们印象的作用。

（2）渐变韵律

造型要素按照一定规律渐次发生变化。例如大小方向、形象等逐渐发生变化。

（3）发射韵律

造型要素做有条理的变化，可以是向心、离心发射的排列，也可以是旋转的排列，还可以是交错的排列方式。如此组合易产生活泼、生动的感觉。

（4）起伏韵律

造型要素按照高低、大小、虚实的起伏排列，做有规律的变化。这种组合方式更具有动感。

（5）特异韵律

造型要素通过打破常规的排列组合，在变化中求突破，形成视觉焦点。

（二）立体构成的形式美感在环境艺术设计中的应用

1. 对称与均衡在环境艺术设计中的应用

对称的形式给人以整齐、统一和庄严的特点。中国古典建筑，如庙宇、宝塔、桥梁、楼台亭阁的外观设计和内部空间设计，无不体现出"对称"这一形式美法则的应用。例如明清北京故宫，它的主体部分不仅采取严格对称的方法进行排列建筑，而且中轴线贯穿于整个紫禁城域内，气势十分宏伟壮观。除了宫殿、寺院等建筑外，一般的民宅建筑也大都采用严谨方整的格局，如前后左右对称式布局的四合院、三合院形式。纵观中国的园林设计，更是与建筑对称规整的格局大同小异。

埃及的金字塔、古希腊的帕提侬神庙、古罗马君士坦丁凯旋门、意大利威尼斯圣马可大教堂、圣彼得大教堂等建筑同样采用对称形式，共同作为象征力量的永久性建筑。

北京的"水立方"奥运国家体育馆，以全新的设计理念，采用对称式的造型，向人们展现了一个高科技、高水准，如梦如诗般的体育场馆。

平衡是环境艺术设计常用的表现形式，平衡追求的是心理上的异形同量，其特点较之对称更能产生活泼生动的感觉。

北京的"鸟巢"国家体育馆，就是采用平衡形式组合最好的例子。整体造型是由一个抽象的椭圆形为单元组成的形态，左右两大块形成高低不同的对立空间，从外观的形式上看稳中有变、静中寓动、层次分明，营造出了稳重而不失变化的视觉效果。

平衡不但在建筑的外观造型上是经常采用的构成形式，在室内设计中也是常用的组织形式。在处理内墙的界面、材质、色彩和照明等装饰内容方面，平衡的处理手段都是能够对人们的心理感受造成非常大的影响。

2. 简练与单纯在环境艺术设计中的应用

在环境艺术设计中经常运用简练与单纯的形式法则，对室内外空间的设计进行省略、概括、归纳和夸张，用来表现主体部分，起到刻意强化能够引起人们美感的精彩部分。

现代城市生活中，人们对居室设计越来越追求简洁、质朴，摈弃杂乱与烦琐，以求回到家中，能够在心理和身体上得到纯粹的放松，感受宁静和平和的氛围，远离工作的压力和对名利的追逐。室内设计的简练与单纯，更多的是表现在室内整体设计的合理性方面，为了突出空间的主体部分，从界面的设计、材质的选用尽可能简练，不去刻意追求材料的豪华和细微的肌理变化，注重整体空间合理的完整性。

3. 对比与调和在环境艺术设计中的实例

世界著名的古罗马大角斗场、希腊帕提依神庙等建筑，无不折射出欧洲古代设计师对比与调和形式法则应用的结晶。对比与调和是相辅相成、矛盾的统一体，在艺术设计中经常运用对比与调和的处理手法，强调突出设计的主体部分，以确定其主次关系。通过形体的体量大小、肌理变化、位置变化、数量多少等对比，使主体形成视觉中心，吸引人们的注意力。

4. 节奏与韵律在环境艺术设计中的实例

节奏与韵律是形式美的重要组成部分，是人类长期艺术设计活动中审美意识的积淀和升华。[1] 在环境艺术设计中，利用形式要素节奏进行有规律、连续的排列，形成整齐的秩序美。例如意大利威尼斯总督府建筑下部敞开的拱形造型与上面实墙形成了强烈的节奏感，增强了视觉效果。罗马万神庙室内半球形穹顶上层层排列的方形结构形成很好的节奏感。

韵律可以表现出许多形式，在室内外设计中经常用连续的韵律、渐变的韵律、起伏的韵律和交错的韵律，其中起伏的韵律在处理手法上更加突出某一因素的变化，使整体造型形成高低起伏有变化的效果。例如美国芝加哥千禧公园"云门"，可以说是集现代高科技材质和手段与审美艺术相结合的典范。"云门"的外观造型一方面，采用韵律感十足的流线型结构，另一方面，利用高科技手段将四周的摩天大楼反射在其表面，形成了弧形独特的世界。

---

① 文增. 立体构成与环境艺术设计 [M]. 沈阳：辽宁美术出版社，2014：38.

第四节　环境艺术设计的美学规律阐释

一、比例

所谓"比例"是指一个事物个体中局部与局部，或局部与整体，抑或某一个事物个体与另一个个体之间的关系。这种关系可以是数值的、数量的或量度的。就建筑而言，指建筑的各种大小、高矮、长短、宽窄、厚薄、深浅等的比例关系。建筑的整体，建筑各部分之间以及各部分自身都存在有这种比例关系。[①]

随着历史的发展，人们发现了多种数学的和几何的方法，用以确定物体的最佳比例。这些比例系统超越了功能方面和技术方面的考虑，以建立起一种审美的度量衡。

环境艺术所表现的各种不同比例特点常和它的功能内容、技术条件、审美观点有密切关系。虽然通常以数学名定义一个比例系统，但它在一个构图的各个部分之间也建立起一种连续的视觉关系。它是改善统一性与协调性有用的设计工具。然而，我们对事物物理尺度的感知，却经常是不准确的。透视上的缩距、视距甚至因偏见引起的变形，都会扭曲感觉。因此，比例的优劣很难用数字作简单的规定。

然而，要取得良好的比例，并不是件容易的事，比例的源泉是形状、结构、用途与和谐，从这一复杂的基本要求出发，要完成好的比例，就要对各种可能性反复地比较，不断地调整，这样才能得到优美而和谐的比例。

二、尺度

尺度是指人与他物之间所形成的大小关系，由此而形成的一种大小感。设计中的尺度原理也与比例有关，比例与尺度都是用于处理物件的相对尺寸。[②]不同之处在于，比例是指一个组合构图中各个部分之间的关系，而尺度则指相对于某些已知标准或公认的常量对物体的大小。

---

①　王小静. 浅析环境艺术设计 [J]. 大东方，2018（8）.
②　张丹丹. 浅析环境艺术设计 [J]. 技术与市场，2015，22（8）.

我们平时所说的尺度是指"视觉尺度"而不是"物理尺度"。"物理尺度"是根据标准度量衡测出的物体尺寸，而"视觉尺度"一般都是根据已知近旁或周围物体的尺寸对某物体的大小进行的判断。① 在环境艺术设计中，有一些物件或物体是人经常接触和使用的，人们熟悉它们的尺寸和大小。

"人体尺度"关系到物体给予我们尺寸大小的感觉。如果某空间或空间中各部件的尺寸使我们感到自己很小，我们可以说它们缺少人体尺度。另一方面，如果空间不令人自觉矮小，或者其各部件使我们在取物、使用及走动时符合我们对尺寸的要求，我们说它们是合乎人体尺度的。大多数我们用以确立人体尺寸的部件是那些通过接触和使用，我们已习惯其尺度的物体。

在环境艺术中，空间的尺度问题并不限于一个单系列的关系。某个要素可以同时与整个空间、各要素彼此之间以及使用空间的人们发生关系。有些要素有着正常的合乎规律的尺度关系，但是相对于其他别的要素却有异常的尺度。因此，在环境艺术设计中，一般都应该使它的实际大小与它给人们印象的大小相符合，如果忽略了这一点，任意地放大或缩小某些物件的尺寸，就会使人产生错觉。在某些特殊的情况下，人们可以夸大物体的尺度以获得特殊的效果。

在感觉的层次上，人们能感受大型建筑或重点建筑、纪念性建筑物所带来的巨大尺度和宏伟壮观，也能体验到小型住宅给人的那种亲切近人、舒适宜人的氛围。蕴涵在物体尺寸中的美感，是一般人都能感受得到的，所以，当实物尺寸与习惯或观念中的尺寸完全不同时，人们会本能地感到混乱和迷惑。

因此，要让环境艺术具有尺度感，就必须把一个可以参照的标准单位引入到设计中来，使之产生尺度感。实际上，人是环境艺术的真正尺度，即"人体尺度"。通过人体尺度，确立环境的整体尺寸，使人获得对环境艺术整体尺度的感受，或亲切怡人，或高大宏伟。

在环境艺术设计中，重要课题之一就是给设计选择一个恰如其分的尺度，进行尺度协调，把同样的尺度类型自始至终地贯穿到全部设计当中。当然，在这个协调之中可能分成好多等级，不同的环境有不同用途的空间，这也就决定了尺度关系的类型也是多种多样的。任何一个空间，都应根据它的使用功能，获得一定的环境效果，确立自己的尺度。

三、统一

任何艺术给观者的感受都应具有统一性，所有的艺术作品无一例外。环境艺术设计是一个统一的艺术创造，并不是简单地对构成环境艺术的要素进行设

---

① 韦爽真. 环境艺术设计概论［M］. 重庆：西南师范大学出版社，2008：138.

计，而是追求一种相同或相似的内涵和艺术形象表达，形成一个完整的、和谐的整体。相同的或不同的要素，通过在造型、色彩、肌理或材料以及组合方式上的精心设计，都能在视觉上获得悦目的一致性。构成环境艺术的各要素只要在某一特质方面有相同的或相似的表情，就能获得艺术效果上的统一。

环境艺术设计中，统一的获得有以下几种手段或方法：

第一，次要部位对主要部位的从属关系。在环境艺术的空间中，首先确定一个主体要素用来支配和控制整个空间。这种起主导作用的要素，或通过造型的独特，或通过体量的庞大，或通过色彩的强烈等方式，获得视觉上的冲击力，而其他要素都处于从属的地位。这是一个在室外环境艺术设计中获得统一效果的最有效的方法。

第二，运用形状的协调。如果一幢建筑物所有的窗户是相同的，即窗户的高、宽比例相同，或者说它们给人的几何感觉一样，那么它们之间将有一种内在的协调关系，有利于产生统一感。这种以协调统一的形式在环境艺术设计中运用得很广泛。另外，形状和尺寸的协调可以一直贯彻到环境艺术的最小的细部中去，这是使环境艺术变成同一构图中完整整体最可靠的方法之一。尤其是在室内环境设计中，这种方法的使用，可使得统一的效果达到令人惊叹的地步。

第三，用色彩及材料来获得统一。在这方面，建筑的外观处理和室外空间设计是得天独厚的，因为，正确地选择建筑材料来获得主导色彩，而且这常常是得到统一和协调的唯一方法。另外，建筑材料色彩的对比，也能产生一种戏剧性的统一效果，但要有个前提，对此应该是重点点缀，而不要导致对比色或材料之间在趣味上发生矛盾。有很多设计都是把砖、石、马赛克、玻璃、木材和金属综合运用，但是在成功的作品中，我们总会发现一种颜色或一种材料牢牢地占据主导地位，对比的色彩或材料仅仅用来加以重点点缀，很少有平均对待的状况。

第四，表情上的协调。构成环境艺术的各种要素，尽管各自有独特的品质，但它们之间必须相互联系，表达出相同的或类似的主题，在表情上取得一致，譬如方向感等。有一种表情的协调是通过结构来表达的，同一类型的结构系统贯穿于环境艺术设计的始终，取得在形象或态势上的一致。另一种表情的协调表现在功能和使用目的上。任何一个环境的设计，显然都是为满足人类的某些基本需求而设计的，生活、工作、学习、游憩的环境空间有不同的外部表情和效果。人们一般可以通过一个环境的形象推断出该空间的使用功能。当然也有特殊的状况，尤其是在数码化的今天，某些传统的建筑原则被打破了，建筑业得以自由发展，内容与形式、功能与结构的联系开始逐渐被打破。电脑网络和工作站可以在任何场合发挥其效用，顶尖的科研机构可以设在五颜六色的木屋里，也可以设在高技术研究站之中。

在增强环境艺术整体统一性的同时，我们还应该意识到，统一和谐的原则并不排除我们在设计中对变化与趣味的追求。在统一中追求变化是我们在环境艺术设计中所要刻意得到的。过分地使用具有相似或相同特征的要素，统一会陷入一种单调的、乏味的构图中；为追求视觉上的趣味性而做过多的变化，又将会引起视感觉的混乱不堪。在各要素的有序与无序、统一与变化中存在一种张力，处于细致的和艺术的紧张状态，如何在设计中把握它们之间的"力"与"度"，是设计能否成功的关键。变化的主要作用在于使形式产生生动的、活泼的效果，并富于活力和趣味性，往往会成为环境艺术中的趣味中心，从而使形式具有生命力。

四、质感与肌理

所谓质感，就是指物体表面的质地特性作用于人眼等感觉器官所产生的感觉反应。即质地的粗细程度在视觉上的感受。虽然，质感一般是指触觉来说的，但是，由于人们的触觉和视觉长期协同实践，积累了丰富的经验，所以，一般情况下仅凭视觉也能体会到物体表面的质感。[①] 因而，由于材料的质地、纹理和色彩的不同，会给人以粗糙、细腻、轻重等不同的感觉，瓷砖、玻璃、金属和水磨石等有光泽的材料与表面晦暗的砖石、混凝土之间，以及经过加工、表面光洁、纹理细腻的石材与粗糙的水刷石、拉毛墙之间都可以产生对比作用。即使是同一种材料，由于处理的手段和方法不同，也会产生强烈的对比，比如磨光的石材与烧毛的石材。

材质是色和光呈现的基体，是环境艺术设计中不可缺少的主要元素，每种材料都有不同的质感。每种质感都具有与众不同的表情。熟练地掌握材料的性能、加工技术，合理有效地使用材料，充分发挥材料的性能，便可以创造出新的表现语言和艺术形式。

质感可以分为两大类和三种形式，即发光和不发光两类，或称为光、麻两类。它们又分别分成粗、中、细三种质感形式。面对客观世界纷繁复杂的物质表面，我们是无法定量分析质感的粗、中、细程度的。但是我们可以将建筑材料的质感都看成相对关系，定性地进行分析，如水刷石相对于毛石就是细质感，如果与木材相比就是粗质感。如果用毛石、木材和磨光大理石三种相比较，那大理石就是细质感，毛石为粗质感，木材就是中质感了。又可以把质感

---

① 黄春滨. 室内环境艺术设计 [M]. 北京：中国电力出版社，2007：167.

分成三种调子，即粗调子质感、中调子质感和细调子质感三类。

各种质感的调子都具有不同的表情。粗质感调子性格粗放，显得粗犷有力，表情倾向庄重、朴实、稳重。细质感的调子性格细腻，柔美，显得精细、华贵、轻快和活泼，表情倾向于欢快和轻松。中间质感调子，性格中庸，是两者的中间状态，但表情丰富，耐人寻味。

此外，除材料的质感外，还有肌理。肌理有两方面的含义：一方面是指材料本身的自然纹理和人工制造过程中产生的工艺肌理，它使质感增加了装饰美的效果。另一方面是指构成环境的各要素之间所形成的一种富于韵律、协调统一的图案效果，如老北京四合院群在城市街区之中所形成一种大范围的肌理效果。① 这种肌理的形成，可以是一种材料，也可以是植物等自然要素，甚至是建筑物本身。

追求一种材料，或几种材料肌理的细微变化，在室内外环境的细部设计中是必不可少的手段。它不仅可以使统一、和谐的形式富于变化，充满情趣；它更可以通过肌理上的对比与反差，与环境中其他要素形成对比和视觉上的冲击力，从而成为空间中的中心或重点。肌理的规律性的变化，还能赋予形式以韵律和节奏，或间强间弱，或渐强抑或渐弱，给人心理上不同的感受，丰富环境空间的气氛。

五、重点

在视觉艺术当中，突出重点这已经是一个公认的艺术原则。假若一件艺术品没有引人注目的重点，将会显得平淡无奇，单调乏味，如果有过多的重点，它就会显得杂乱无章，支离破碎，互相冲突。

环境艺术是非常复杂的艺术，一般都由多种不同特性的要素构成，由单一要素构成的环境艺术是不存在的。这些构成环境艺术的要素，在整个空间中所处的地位和所起的作用必定会有区别。有的处于重要的位置，起到支配作用，有的则处于从属的地位。一个好的环境艺术作品，构成它的每种要素都处在恰当的位置，表达其恰如其分的含义。

在环境艺术设计中，重点突出的原理就是在支配要素与从属要素共存的情况下，所必须遵守的美学原则。② 没有支配要素的设计将会平淡、单调，有过多的支配要素，设计又将会杂乱无章，喧宾夺主。

重点突出的追求，与统一、和谐、平衡及韵律的获得并不矛盾。统一、和

---

① 张克非. 环境艺术设计［M］. 沈阳：辽宁美术出版社，2001：84.

② 王蕾. 环境艺术设计［M］. 武汉：湖北美术出版社，2001：67.

谐，是把构图中一些互不相干的特性或要素兼收并蓄。这些处于平衡和谐状态的要素应具有某种相同的特性，但各要素之间在其他方面，诸如尺寸、形态、色彩、质地等方面还有差异，在统一之中富于变化，变化之中突出重点。只有这样才能使空间充满变化，富有情趣。做到有主、有次，有抑、有扬，有收、有放，形成空间中的高潮和中心。

在整个空间中，每种构成要素都具有其独特的造型、尺寸、色彩和肌理。这些特性，协同其位置、方向等共同决定了每一要素在空间中的视觉分量，使空间富有生气和活力，从而形成空间的趣味中心。趣味中心既可以是雕塑、壁画、构筑物、建筑，也可以是室内的结构物件、楼梯、家具，甚至一个主立面。通过含义深远的尺度大小、独特的形态或对比的色彩、明度与肌理，可以使一个重要的要素或某种特色成为视觉的重点。在任何情况下，都应该在空间的支配要素或特征方面与它们的从属要素之间建立一种可辨别的对比关系。这种对比可以用打破正常构图规律的方法引起人们的注意。

环境艺术空间中重点的获得，其方法有很多，但最终的目的都是使空间的艺术形象更加和谐统一，充满情趣。

第三章　环境艺术设计程序与表达解读

环境艺术设计中，设计人员必须在遵循相应程序的基础上做出恰当表达，这样才能切实提升设计的有效性，本章即对此内容展开探讨。

第一节　环境艺术设计程序阐释

一、前期工作

环境艺术设计中的方案与施工流程是具体、紧张而有次序的，前期工作则不具备这些特点。在有些书目中，甚至不把它列入设计程序之中。但是，前期工作是使日后设计得以顺利进行的基础。广泛来说，知识和经验的积累、对团队工作模式的熟悉过程均属于设计的前期准备工作。它在一定程度上不受具体时间约束，是一个长期的过程；同时，内容也涉及方方面面，凡是对后期设计起到积极作用的都包括其中。这里提及的前期工作，从"接受项目委托"开始，正式进入环境艺术设计程序。

设计方和客户方进行沟通，如果客户方对设计方各方面的设计条件（设计资质、设计风格、设计人员安排、设计费用收取等方面）都比较满意，有合作意愿，且设计方通过具体考量（时间安排、设计内容及深化程度、设计费用等方面），认为能够按时、按量、保质地完成设计任务，且有设计意愿，那么双方就可以达成初步合作。在双方通过具体协商充分了解对方要求之后，会根据环境艺术设计的法律法规、行业规则，以及双方均认可的具体问题拟定详细的合作协议。主要内容应包括：项目名称、项目内容要求、项目预算、具体时间安排、付款结算方式、双方的责任与义务、奖罚措施等。经双方同意并确认无误后签署生效。此协议具有法律效力，对双方均有约束力，同时可以保护双方的合法权益。

二、设计准备

（一）资料搜集

（1）相关的政策法规、经济技术条件，如城市规划对环境艺术设计的要求，包括用地范围、建筑物高度和密度的控制等；政府部门制定的有关防火和卫生等方面的标准，市政部门对环境场所形式风格方面的规定，有关方面所能提供的资金、材料、施工技术和设备情况等。

（2）基地状况，搜集关于基地地形地势以及基地外部环境设施，如交通、供水、排水、供电、供燃气、通信等方面的资料。如果相关图文资料缺少，应用仪器测量并绘制基地各种地形地貌图，包括天然的山岳、河流、土壤、植被、地下水、房屋、道路、气象、噪声情况的地形图、平面图、剖面图等各种图表以供应用。

（二）基地分析

每一块基地不管是自然的或人为的都或多或少具有自己的独特性，这既给设计提供了成功的机会，也带来了诸多限定条件。从基地的特点出发进行设计常常会创造出与基地协调统一、不失个性的设计作品。反之对基地状况没有深入了解分析，设计中就会处处碰壁，设计便很难取得成功。因此，基地调查与分析是环境艺术设计与施工前的重要工作之一，也是协助设计者解决基地问题的最有效的方法。它包括以下内容:①

（1）自然条件，应考虑的因素有地形、地势、方位、风向、湿度、土壤、雨量、温度、风力、日照、基地面积等。

（2）环境条件，应考虑的因素有基地日照、周围景观、建筑造型、给排水、通风效果、空间距离、路径动线、维护管理等内容。

（3）人文条件，设计时应考虑的因素有都市、村庄、交通、治安、邮电、法规、经济、教育、娱乐、历史、风俗习惯等，此外基地分析中还涉及所有者对基地的具体要求、经费状况、材料运用等诸多因素。

当完成基地与环境调查分析及基地实地测量并绘制好相关的基本图表以及在分析归纳业主的需求与设计者的理想构思之后，应整理出一些设计上应达成的目标与设计时应遵循的原则。

---

① 郭媛媛，李娇，郭婷婷. 环境设计基础［M］. 合肥：合肥工业大学出版社，2016：103.

三、方案设计

（一）设计思路整理

首先应明确主要设计思路。这是一个大方向，是后续设计工作开展的重要前提和基础，同时也是设计团队对于项目设计意愿的思想结晶，必须抛弃个人主观且不科学的想法，使整体团队大的思路保持一致，但可以在主要设计思路确定的基础上保留一到两个备选思路。因为主要设计思路仅仅是一个大方向，具体设计细节尚不明确，在后续设计中，也许会出现主要思路不顺畅，甚至设计方案被推翻的情况。这时备用思路的某一方面可以在一定程度上补充进主体思路，或者备用思路直接转换成主体思路。这是设计灵活性的体现。

（二）初步方案构思

初步方案是由主体设计思路出发产生的初步设计成果，是最简单、最原始的设计表现。同设计思路一样，最初的方案有可能不止一个，但各方案均应保持简明性和图解性的特点，以便尽可能直接诠释与体现设计思路。随着对各方案优缺点的总结、比较与分析、整合，最终得到一个或两个可继续进行的、值得深入的优选方案。初步方案的内容应当是设计最重要的方面：强调对整体功能的把握、空间基本尺度的初步确定、主要交通流线的组织、空间基本形式的构思等。这些问题是设计的"脊梁"。设计人员通常以草图的形式来表现初步方案。这种方式不同于规整的尺规作图，具有快速、灵活、生动的优点。前期的调研分析数据以及大量的分析图可以很好地帮助初步方案成型。这是一个设计深化的过程，犹如以"脊梁"为基础建立"骨架"。在最初整体功能、基本尺度、主要交通流线等方面都合理的基础上，可以进行二级功能分区、空间主要尺寸制定等问题的推敲与提炼，关注它们之间的相互关系，使设计方案更加具体与合理。

（三）可行性分析与方案的确立

成型的设计方案是一个阶段努力的成果。设计方一定要与客户方加强沟通，使方案得到他们的认可（一般会经过选择确定出一个方案）。另外，如要把设计方案由纸面变为现实，必须进行可行性分析，这确保了设计方案的科学性。可行性分析的途径与方式并不限制。通常在这一阶段是以设计团队为主，进行自测。如条件不足，可与相关专业技术部门合作。关乎设计实现的各类详细问题，则需要经过实验、访谈做进一步调研，以考察各个方面设计的合理性。① 比如，小区景观设计中可以综合居民的意见，考证功能区的位置与安置是否适用的情况；商业室内空间环境中模拟与实际运营期相等的人流量进行交通测试，明确线路交叉情况、空间预留尺寸、人流疏散的合理性等，得出的数据或结果经团队共同讨论分析，做出详细的设计方案可行性分析报告。有了可行性分析作为保证，方案才能最终得以确立。

（四）详细设计与表达

这一进程会涉及各类具体细节：环境设施的种类、尺度、材质、颜色、形式、具体位置；各类装饰元素的细部设计；各级主要、次要交通通道的尺度、转角位置与角度、隔离设施的安置；微地形；各类人工照明设施种类、位置、光照范围、强度；植物种类、数量、规格尺寸、植株种植位置；水体设施具体形式防水处理方式；管线布置；地面覆盖材料种类、规格、样式、材质、色彩等，都需要在此阶段进行妥善处理。如同在前期设计"整体骨架"之上赋予"皮肉和血液"，使设计的完善程度进一步增强。多而杂乱的细节，是通过各类设计图得以展示在人们面前的，包括总平面图、各立面图、剖面图、节点详图，以及用来立体展示各个角度效果的透视图。②

（五）设计概算

设计概算，是设计单位在初步设计或扩大初步设计阶段，根据设计图样及说明书、设备清单、概算定额或概算指标、各项费用取费标准等资料，用科学的方法计算和确定工程项目费用的经济文件。③ 主要是为客户方制订经济投资计划了解项目设计情况；设计方在施工阶段编制计划、实行经济核算和为考核成果提供依据。它是环境艺术设计程序的重要组成部分。

（1）编制依据：设计图纸；现行定额、单价、标准；概算预算手册和建筑材料手册；设计合作协议。

（2）编制步骤：熟悉设计图纸；计算基本工程量及各项费用；校核；编制设计概算清单。

（3）编制方式：一般采用"定额量、市场价"的方式来编制。由定额量（按设计图纸和概预算定额有关规定确定的主要材料使用量、人工工时）、市

---

① 王今琪，石大伟，王国彬．环境艺术设计制图［M］．西安：西安交通大学出版社，2017：72.
② 高立武，张贺．艺术设计［M］．成都：电子科技大学出版社，2015：142.
③ 辛艺峰．城市细部的考量　环境艺术小品设计解读［M］．武汉：华中科技大学出版社，2015：54.

场价（材料价格、工资单价均按市场价计算）确定工程直接费（人工费、材料费、施工机械使用费、现场管理费用及其他费用），并由此计算企业经营费（企业经营管理层及设计管理部门，在经营中所发生的各项管理费用和财务费用）及其他费用（主要有利润和税金等），汇总计算出工程项目的总造价。

（六）初步设计审查

初步设计审查是设计审批的第一阶段。一般由设计方申请，提交设计文件（包括各类设计图、设计概算等；重要项目还须报送若干单体或组合效果图，调研阶段的工程地质勘查报告等），通过权威机构、人士、工程技术人员或相关管理部门的综合评估进行审定。一般来说，通过这种方式能够取得专业性很强的意见或建议，以便于对具体方案做出进一步修改。

四、正式施工

此阶段的工作一般由具有施工资质的专业施工单位组织施工队进行。有些设计方本身就具备施工资质，从而省略了委托施工的步骤。优点是自身团队的设计人员与施工人员彼此熟悉，施工过程中的沟通也会相对来说顺畅很多。而由设计方委托的专业队伍在进行施工时，必须由设计方充分严格地进行监督，以确保施工质量和效果。

（1）详细了解设计方案与施工图纸。这是专门针对施工单位工作人员而言的，特别是被委托单位。

（2）规范施工与监督管理。施工的过程由专门负责人员统一安排，包括按照材料清单确定各项材料到场时间、材料验收、施工具体工期安排等，以确保施工能够顺利进行。此过程中的沟通仍然很重要，主要是负责人与客户方、施工人员、材料商、设计人员、监管人员的沟通，工作人员之间关于工作交接的沟通。监督管理与施工过程是并行的，保证了施工质量与施工的规范性，还能够及时发现并解决过程中出现的问题，避免因处理不及时而影响到后面的施工进度与质量。

（3）完善施工成果。施工各进程的完成，标示着设计方案成为现实作品。这个成果是令人振奋的，但不表示整个工程项目已经结项，而是必须要对施工成果进行完善，对整体施工过程做出系统性地回顾与审视、检查其中出现或可能出现的、被忽视的问题，并对成果进行综合检验与评估、以达到设计时希望具有的最好效果。

五、用后评价与维护管理

"用后评价"是指项目建造完成并投入使用后所有使用者对于设计作品功能、美感等方面的评价及意见，以图文形式较明确地反映给设计师或设计团体，以便于他们向业主提出调整反馈或者改善性建议。[①] 这也有利于设计师在日后从事类似的设计时，能进行改进。用后评价的进行必须得到使用单位的积极配合，通过调查和统计分析得到具体的较为合理的信息资料。

建设项目经过精心设计和严格施工得以建造，并交付使用。使用后的维护管理工作必须时刻进行才能保持建筑物、构筑物及设施不被破坏，保持植物或动物的正常生长，确保使用者在环境中的安全、舒适、方便，这样才能保持以及完善设计的效果。

一般的建筑场所、私人家庭庭园主要由业主自行维护管理，而一些社区公园、广场、公园、街道、公共室内空间等不仅要由管理单位来维护，更重要的是公众要讲公德，才能增强维护管理的成效。设计者在设计阶段应充分考虑、完善各项设施的设计与施工做法，尽力消除隐患，给以后的维护管理工作带来最大程度的方便，减少工作难度。

环境艺术设计是一项具体的、艰苦的工作。从整个设计程序来看，一个好的设计师不但要有良好的教育和修养，还应该是一位出色的外交家，能够协调好在设计中接触到的方方面面的关系，使自己的设计理念能够得到贯彻、实现。从环境艺术设计的筹备直到工程的结束，环境艺术设计不再只是一种简单的艺术创作和技术建造的专业活动，它已经发展成为一种社会活动，一种公众参与的社会活动。

第二节　设计思维与表达方式

一、环境艺术的设计思维

（一）设计思维的定义与特点

设计离不开对于思维的研究。思维是"在社会实践的基础上，人脑对客

---

① 颜文明. 中国传统美学与环境艺术设计 [M]. 武汉：华中科技大学出版社，2017：16.

观事物间接的和概括的反映,是人借助于语言这一工具把丰富的感性材料加以分析和综合,由此及彼,由表及里,去粗取精,去伪存真,从而揭露不能直接感知到的事物的本质和规律的理性认识的过程"①。它是人们认识世界、改造世界,创造物质文明和精神文明,以及创作所有设计作品的源泉,存在于人们的一切活动之中。思维既能动地反映客观世界,又能动地反作用于客观世界。设计是设计者对于自身产生的诸多认识(感性认识和理性认识)进行归纳总结与精炼后产生的结果,是思维与表现相结合的产物。在这里,"设计"与"思维"形成了一个整体的概念,"设计"成为一个限定性的词汇,限制了思维的范畴;而"思维"是行为方式。这就是说设计的过程实质是一种思维创造的过程。② 从设计方接受委托,仔细阅读任务书开始,到设计概念的浮出并逐渐具体化,再到对设计方案的完善、调整、修改、完成的整个过程,就代表了整个"设计思维的过程"。

那么究竟什么是设计思维?其有哪些特点?

第一,从"相对传统与现代思维的区别"这一特定角度进行概括,狭义的设计思维是指在人类设计史上首次产生的、前所未有的,具有一定社会意义的高级思维活动。广义的设计思维则认为,凡是对某一具体设计对象的思维主体而言,具有新颖独到意义的设计过程的任何思维,都可称之为设计思维。③这样设计思维便具有两个特征:一是具有鲜明的创造性和现实意义,二是具有思维的整体性,是一个系统化的思维运行过程。

第二,从"科学与艺术相统一"的角度来看设计思维,则是包含了科学思维逻辑性、递进式与艺术思维非连续性、跳跃式、跨越性这两种思维的特点,或者说是这两种思维方式整合的结果。从这个角度出发的设计思维具有以下特点:它以艺术思维为基础,与科学思维相结合;在设计思维中,艺术思维具有相对独立和相对重要的地位;设计思维是一种创造性思维,具有逻辑性、非连续的、跳跃性的特征。

第三,从学科研究方面来看设计思维,它是研究在信息高度社会化,特别强调以知识为核心研究设计与思维关系的学科,侧重点在于如何通过系统的思维过程,形成有特点的设计方式。它以设计思维的本质特征、基本形态、基本规律为主要研究对象,同时探讨和研究设计思维的方法以及设计思维潜力开发等问题。

---

① 李月恩,王震亚. 设计思维 [M]. 北京:国防工业出版社,2011:5.
② 方方,段齐骏. 从哲学的角度看设计与思维的关系 [J]. 装饰,2006 (01).
③ 江杉. 产品设计程序与方法 [M]. 北京:北京理工大学出版社,2009:37.

（二）环境艺术设计的思维方法

为了使设计取得预期效果，环境艺术设计人员必须抓好设计各阶段的环节，充分重视设计施工、材料、设备等各个方面，熟悉并重视原建筑物的建筑设计与设施设计的衔接，同时还须协调好建设单位和施工单位之间的相互关系，在设计意图和构思方面取得沟通共识，以期取得理想的设计工程成果。

为了更全面地推进设计思维方法，环境艺术设计师还必须系统地掌握应用心理学、社会行为学、基础环境艺术、物理学，熟悉建筑学以及环境艺术学，不断跟踪装饰材料的更新，以及家具陈设设计的创新动态，不断地从实际施工中积累实践经验与生活体验，对新的生活方式及个人环境的关系具有高度的敏感心。上述对知识背景的要求是基础的，一切个性化的思想、风格、品位都应该是建立在这样的共同背景之下。

1. 大处着眼，细处着手，总体细部深入推敲

大处着眼，是指具体进行设计时，环境艺术设计师思考问题和着手设计应建立全局观念及细部着手的意识；必须根据设计对象的使用性质，深入调查，收集信息，掌握必要的资料和数据，从最基本的人体尺度、人体活动范围和空间特点、家具设备等尺寸和使用要求着手。① 建筑师 A. 依可尼可夫曾说：“任何建筑创作，应是内部构成因素和外部联系之间相互作用的结果，也就是从里到外、从外到里。”② 依可尼可夫的观点说明环境艺术设计是综合性设计，环境艺术设计的“里”因素，以及和这环境艺术设计相连接的“外”因素，它们之间存在着相互依存的密切关系，设计时需要从外到里多次反复协调，使设计更趋完善合理。

2. 意在笔先，局部整体协调统一

意在笔先，原指创作绘画时必须先有立意，即经过深思熟虑后再动笔，可见设计的构思立意至关重要。可以说，一项设计没有立意就等于没有灵魂，设计的难度也往往在于要有好的构思。具体设计时，意在笔先固然好，但个较为成熟的构思往往需要足够的信息量，有商讨和思考的时间，因此也可以边动笔边构思，即所谓笔意同步，在设计前期和出方案过程中使立意构思逐步明确，但关键仍然是要有好的构思和理念。对于环境艺术设计来说，准确完整地表达出环境艺术设计的构思和意图，使建设者和评审人员能够通过各项图纸甚至三维模型等效果全面地了解设计意图，是非常重要的。在设计投标竞争中，图纸

---

① 周传旋. 环境艺术设计思维方式的探析［J］. 鄂州大学学报，2016，23（01）.
② 熊承霞. 环境艺术设计制图与识图［M］. 武汉：武汉理工大学出版社，2011：13.

的完整、精确、优美是第一关。在设计中，形象是很重要的方面，图纸表达是设计者的语言，因此，环境艺术设计的内涵和表达也应该是统一的。

3. 设计师的使命感

在现代社会，作为设计师应该审视一个看似简单却又很关键的问题：环境艺术设计师的使命究竟是什么？在设计理想无法实现时，在与客户沟通、商讨、推进设计方案过程中感到迷惑不解时，在面对众多令人失望的环境设计计划时，无论是环境艺术设计师，还是建筑设计师，都可以沉着应对，以坚定的使命感寻找到帮助。通常环境艺术设计方案就是对天地墙的装饰、门窗设计的选择，以及家具布艺以及装饰品的布置。这些工作中，有很多已经存在的法规和规范。除了环境硬件的改造之外，家是用来居住、充满了个人行为的场所。因此，设计的着眼点永远是生活其间的人与家庭。如何把握空间环境，向参观者直接或间接地传递某种气质，让使用者对环境产生归属感，则远远超出规范之外。理解并实现这个目标，便是设计师的使命。

4. 设计平衡原则

平衡的原则决定设计的优次，至今没有一个统一的结论。在设计中，设计师应该注意以下两个方面的问题：第一，平衡原则在于着手进行个体空间规划时，必须时刻把握这个原则，因为平衡是人类活动的自然表现，从孩童学步到驾舟乘风破浪，人类的一切自身活动都在努力追求一种平衡。对于家庭空间来说，平衡原则也同样重要，空间的布局、装饰元素的组合都需要讲究平衡的原则。第二，想象力是如同诗歌般的艺术表达方式，而不是对现实的扭曲。想象力应该体现出个人对于现实世界的认知看法以及掌控的程度，想象力来源于时间空间的组合、对信息的接收与个人的知识修养。

5. 设计工作思路

设计的成功取决于良好的工作效率，良好的工作效率在于制定一个好的设计工作思路，这是设计师应该具备的明确的设计习惯。第一，针对一个现有的场所，开始阶段的工作必须从客户目标出发，优先重点了解基本规范和现有格局，寻找改造余地。第二，在了解并掌握了上述信息之后，进入方案研究阶段，即针对上述信息，把满足客户一切日常生活基本需求的所有元素，在设计方案中体现出来。设计必须得到客户的认同，基本需求得到认同之后，便进入对方案的视觉效果及形象实现的共同认可阶段，无论是设计师，还是客户，都必须意识到这个认同的过程往往是双方都能得以提高的机会，也是改变优化生活方式的过程，生活环境的变化和人自身的变化必须是同步的。

二、环境艺术设计的表达方式

(一) 概念意向图

在设计初期阶段，设计者通常会对项目有很多想法，有关于设计对象形式的、使用材料的、选用色彩等各个方面。这种想法体现出设计者最原始的感觉，对于设计而言弥足珍贵，可以为后续详细设计提供很多意向的参考。但它通常会转瞬即逝，存在的时间很短暂。概念图就是快速将各种设计意向记录下来的最为有效的工具。它没有具体的限制要求，只要有了新的想法，可以随意用各类书写工具顺手记录在草纸上，帮助头脑记忆。它还能够帮助设计者在第一时间方便地和别人进行交流。在条件简陋的施工现场，设计者甚至可以用小木棍或砖块将概念图落实在墙面、地面上。这类图以线为主，比较潦草，不追求效果的准确，只要将想法表达清楚就可以了。特点就是灵活性极大，绘制需要的时间通常很短，没有绘图技术性要求。

(二) 设计草图

在环境艺术设计的过程中，正式方案图纸绘制之前用来表现设计意向或方案基本效果的设计图均可以称之为设计草图。① 草图根据使用方面的差别可以分为：

(1) 解释性草图：是为了与客户沟通的时候说明设计的特点而使用的。它基本以线为主，可以附以简单的颜色或加强轮廓，还可以简单加入一些说明性的文字。图面大关系相当明确，偶有细节的表现。

(2) 结构草图：主要是为表现设计对象的结构、各设计元素的组合方式及创意构思过程的草图。在设计初期，它是设计人员之间沟通研究的有力工具。图面中可以有很多类型的辅助线，用来帮助设计者更好地理解与思考方案。

(3) 效果式草图：这是方便设计者比较设计方案和设计效果时使用的一类草图。可以用线面组合的方式，加上一定的色彩清晰地表达方案的结构、透视、材质、色彩关系等方面。虽然没有如最终效果图般的壮丽辉煌，但以熟练的绘画基本功绘制的草图却是充满个性的。

设计草图的绘制应以达到设计时的具体需要为目的。它的绘制方式、使用工具也较为多样，通常根据设计者的喜好进行选择：可以手绘，用铅笔、炭

---

① 郭媛媛，李娇，郭婷婷. 环境设计基础 [M]. 合肥：合肥工业大学出版社，2016：110.

笔、钢笔进行单色处理，还可以选用彩色铅笔、水彩笔、马克笔、蜡笔等为草图上色；也可以选用电脑辅助绘制。"草"的意思是强调快速，而不是杂乱。虽然草图的最终目的不是专门为了"绘制效果"，但是随着设计者手头功夫的积累而表现出独特魅力的草图却可以在一定程度上增加设计的乐趣。有经验的设计者可以利用他的草图向合作伙伴或者客户表达出更多设计的想法。

第三节　环境艺术设计表现技法

一、设计表现技法的概念与要求

（一）设计表现技法的概念

环境艺术设计表现技法，是设计构思的图像化表达过程、方法和技巧。作为环境艺术设计中的重要课程，它伴随着设计的全过程。其内容包含了众多基础知识——素描、色彩、构成、透视、材料、结构等等。[①] 作为设计过程和预期方案的路径与效果，它既是作者设计能力与水平的体现，也是作者与使用者和施工者之间沟通的桥梁。它既有艺术性的一面，也有实用性的一面，表现技法的优劣直接影响着方案的说服力与竞争力。好的设计方案必须找到一种恰当的表现形式与方法，只有通过一定的反映渠道，才能体现设计的面貌与精神；也只有相应的手段才能道明设计意图，使观者和使用者能够一目了然。因此，有好的想法而不能充分表达则无法传达设计信息，甚至降低了设计质量。

（二）设计表现技法的要求

设计表现技法具有很强的目的性和实用性，同时也具有一定的艺术性和技术性。目的性和实用性是指表现的内容要有针对性，要反映方案的合理性和科学性，不能纸上谈兵，随意地夸张与不切实际地渲染，单纯地追求表现效果和形式。艺术性和技术性是指表现技法以独特的视角和方法展示出方案的内在和外在品质，以形象化的方式、艺术化的语言，促成方案的信息传达，并能通过专业技能与技巧加以实施。这就要求作者必须更深层次地理解方案的设计动机、设计目的，要具有一定的绘画基本功，具有理性的思维模式，具有过硬的

---

① 冯小桐 . 环境艺术设计表现技法 [J]. 艺术教育，2014（06）.

表现技巧，具有完美的传达形式。因此勤学苦练是每一位设计师的必备素质；善于捕捉，善于发现，善于提炼是通往成功的必经之路；掌握正确的方法是学习的捷径。

二、环境艺术设计表现技法的基础

（一）构图

构图，也称为布局，是指在设计时根据主题的要求和创作意向，把众多的造型要素在画面上有机地结合起来，将它们安排在适当的位置上，形成一个协调的完整画面。[①] 构图的目的在于很好地处理画面关系，以突出主题，增强画面的艺术感染力。这是画面的基础之首，处理是否得当会直接关系到表现图创作的成败。构图的基本原则是画面的均衡与对称、对比关系以及视点问题。它们能够使画面具有稳定性，符合人们的视觉习惯和审美观念，由此给视觉带来和谐。对称的稳定感是最强的，使画面构图规整，具有庄严、肃穆、和谐的感觉。应注意的是，构图的均衡与对称并不是"平均"，而应当是在丰富的变化中求得一种合乎逻辑的比例关系和稳定的秩序感。对比也是构图中的常见手法，同时是其基本原则之一。常用的对比有设计元素形状的对比，如大小、粗细；色彩的对比、冷暖、明暗、深浅等。在一件艺术作品中，可以运用单一对比，也可同时运用多种对比，前提是不能产生杂乱。用对比的手法形成的构图并不一定意味着不稳定或者冲突，相反，完全可以带来和谐的视图关系。当然，有时为了突出个别设计主题，也可以通过运用对比使构图产生紧张、不安定的视觉效果。

（二）透视

透视也是关系到画面成败的决定性因素，它用来表现画面的立体空间感幅画无论绘制多么精细，效果表现多么令人惊叹，如果透视关系错误，势必会在第一时间令视觉产生不适，是一幅失败的作品。在日常生活中，同样大小的物体会感觉到近大远小，同样高的物体会感觉到近高远低，圆形的表面再倾斜一个角度时看起来会成为扁圆形。这些都是物体的透视现象。要在平面的图纸上表现三维的设计方案效果，就必须学习和掌握科学的透视规律，使画面的形体结构准确、真实、严谨。

表现图常用透视法如下：

---

① 杜嘉伟. 环境艺术设计中美术功底的重要性［J］. 东方企业文化，2014（13）.

1. 一点透视（平行透视）

条件是立方体的一个面正对我们，在它互为平行关系的三组棱中，垂直的一组仍然画成垂直，水平的一组仍然画成水平，另一组垂直于纸面的棱则是距离眼睛越远越呈现收缩或消失的状态。在透视法则中，它们的延长线必定相交于视平线（与眼睛平行的一条线，随眼睛的高低而变化）上的一点。这一点称之为消失点或灭点。一点透视表现范围广，纵深感强，适合表现庄重、严肃的空间，缺点是比较呆板，与真实效果有一定距离。

2. 二点透视（成角透视）

当立方体的四个侧面都不正对画面时，或者说它的一条棱对着我们（一组棱与纸面平行），那么垂直的一组棱仍然垂直，其余的两组棱均不平行，在远处呈交会状态。在透视法则中，它们的延长线分别交于左、右两个消失点。二点透视图面效果比较自由、活泼，反映空间比较接近于人的真实感觉。缺点是角度选择不好，易产生变形。所以两个消失点的位置尤为重要，不可以距离过近。

3. 三点透视

如果立方体没有一组棱与纸面平行，那么三组棱均应具有透视关系。在三点透视法则中，横向的两组棱（同二点透视）延长线分别交于左、右两个消失点，另一组竖方向的棱也要相交于一点。仰视时，这个消失点位于视平线以上，称为天点；俯视时，相交于视平线之下，称为地点。三点透视一般适合于表现高大的物体，或者观看者距离物体很近，可以表现出高大宏伟的感觉和物体的迫近感。

（三）素描

画面的黑白关系实质是基于绘画中的素描基础知识。作为设计者的素描基础练习，并不强调线条运用的纯熟，明暗效果的高度真实，而是着重训练对于物品结构的理解，造型能力的培养，空间大的明暗关系的把握，还有各种材料质感的表现等。

（四）色彩

如要很好地处理表现图的色彩关系，对于色彩基础知识的了解是必须的。对于设计者的色彩训练，要求掌握各类色彩表现的一般技巧，通过对"色彩构成"的学习和理解，体会现实空间中色彩的变化规律，强化对于色彩的认识。

（五）速写

速写是一种专业技能的训练。无论是草图的构思、正图的绘制，都离不开速写这一基本功底。练习速写不能要求速成，一个优秀的设计者是通过长期的实践绘画培养速写能力的。练习速写应注意画面的透视关系、构图的优劣，以及如何对看到的事物进行取舍等问题。

三、环境艺术设计的手绘表现技法

（一）铅笔效果图表现技法

铅笔的基本用法与素描基本相同，在具体使用中由于设计表现图与绘画的应用范围不同，在技法和运笔上会有一定的差别。在基本运笔的基础上加入构成元素，通过线条的疏密、粗细、方向变化等的组合来训练对空间的表现和画面的控制。

技法窍门：

（1）尽量少用橡皮擦除。

（2）利用画笔方向来突出所描绘的物体表面的轮廓。

（3）沿纸的边缘起笔，或者是利用三角板或直尺的边缘来停笔，由此形成轮廓。

（4）在画纸下边放肌理粗糙的材料，然后再使用铅笔，可以创造出画面的肌理感。

（5）使用可塑橡皮擦出天空中的云彩或水中浪花这样的亮光区域。

（二）钢笔效果图表现技法

钢笔对于专业环境艺术设计人员来说是一种普遍使用的工具，画面上的肌理和明暗变化需要靠墨线色调的组合来获得。圆点、垂直线条或者水平线条、交叉影线以及墨线的随意涂抹，都是为了达到这种目的。钢笔是以线条为主要的表现方式，线条的长短是受手指、手腕、肘和肩膀的运动所控制的。大多数线条，哪怕是短线条，可以用臂力来画，也应该用臂力来画，所谓用臂力画就是以肩膀为支点，这样画出的线条利落而真实。

技法窍门：

（1）通过改变线条的粗细来形成画面的纵深感，靠前的物体用较粗的线条，后面的物体用细线条。

（2）一般而言，用尺子画线要快些，徒手画线较费时，但徒手画出来的线条让画面更有吸引力，显得更从容随意。

（3）线条是钢笔的灵魂，所以流畅的线条是一幅图成功的关键。

（4）线条的组织排列应该根据对象的特点来选择是用横线还是竖线，同一幅构图的画面运用不同的线条组合表现，可以形成不同风格的画面效果。

（三）彩色铅笔效果图表现技法

彩色铅笔很容易混合使用，易于控制，可以快速画出光线或色调的变化。它们可以用在不同的板材和画纸上，从而产生各种各样的肌理效果。彩色铅笔的描绘可以不先画轮廓，如果运用得好，会产生极为逼真的效果。彩色铅笔易于使用，既可以用于快速的设计构图，也可以用于最后成稿。不过，由于它们的笔画较细，使用它们颇为耗时。

技法窍门：

（1）借鉴铅笔技法入门。

（2）从最浅的色彩开始，逐渐增加那些较深的颜色。

（3）使用表面光滑的纸张，以获得鲜明逼真的效果。

（4）使用对比色来激活画面。如在草上加点红色，在天空加点橙色，给紫色椅子加一个黄色靠垫。

（5）要使用色调自然的色彩，尽量避免使用过分鲜艳的色彩。

（6）用黑色铅笔来画轮廓线，增加细节。

（7）水溶彩色铅笔较为好用，铅笔的附着力较强。

（8）绘制大面积的色彩时，可以先用水彩或马克笔着基本色，再用彩色铅笔营造细微的色彩变化和肌理效果。

具体表现技法：

（1）排线法：画一系列相近平行的线，创造出一个色调区。要达成更大的深度，只要增加线条的宽度和浓度。

（2）交叉排线法：参照排线法的方式，画两组或三组平行线，彼此交叉，创造出更浓厚的色调和色度。

（3）羽化法：不断轻扫画笔，画出一个色调区或色彩区，在其上可使用同一种颜色或者其他颜色，而原来的笔触仍可显示出来。

（4）压印法：将一张纸盖在任意一种材质表面上，如木头、砂纸或粗斜纹布等，然后用软铅笔在纸的表面涂抹，直到物品材质显露为止。

（5）混色法：一层层加上不同颜色，颜色与颜色交接处相互覆盖，每次上色的手劲都不同，以营造出多样的色泽与色调。

（6）点画法：为了创造出闪亮的效果或者表现一些特殊的材质，点出各种大小、浓度和颜色的点。在这里，这些点看起来像单色，适合小幅画作。

（7）渐变法：从浅色慢慢加重到深色，或是从一个颜色慢慢变成另一个颜色。依手劲不同，颜色的浓度也有所差异。

（8）刮色法：在沾湿的纸上，使用刀刮铅笔的尖端，让笔芯屑落在湿纸面上。要加强效果可以用多种颜色（最好用水溶性彩色铅笔）。

（9）磨光法：即摩擦颜料，用擦笔或白色彩色铅笔在画好的色块上不断摩擦。可以用此方法调色，或是让颜色变淡，适合在画面精确表现的地方和细部的打亮。

（10）覆盖法：不停地叠上颜色，创造出新的颜色和色调。这种方法能营造出丰富的深度和色调变化。

（11）涂刷效果：可先用水溶性彩色铅笔画出色调，然后用水彩笔沾大量的水扫过画面，使颜色溶于水形成涂抹效果。或者先将纸面打湿后用刀把笔芯刮在纸面上，然后用水彩笔涂抹。

（四）水彩效果图表现技法

使用水彩有两种方式：一是先用铅笔在纸上淡淡地画，然后再用水彩；另一种则是用钢笔和淡墨画出轮廓，然后使用水彩。第二种方式要简单得多，画出来的形象很鲜明。水彩的表现技巧要通过大量的练习来掌握在画水彩之前，由于工具的特点，要先裱纸，这样在作画过程中可以保持纸面的平整，易于操作。界尺是水彩、水粉、水色颜料画线不可缺少的工具。界尺画法需要特定的技巧，否则线条不易平直挺拔。界尺类型包括两种：（1）台阶式界尺，把两把尺或两根边缘挺直的木条，或有机玻璃条错开边缘粘在一起即可；（2）凹槽式界尺，在有机玻璃或木条上开出宽约 4mm 的弧形凹槽或者购买成品。

技法窍门：

（1）选择高质量的画纸和画笔至关重要。依据所画对象来使用大小不同的画笔，天空使用大笔，细节使用小笔。

（2）画天空和地面这样的大片区域，或者是那些要求表现色彩逐渐过渡的对象，在这些地方先施清水，让水渗入纸中，纸面上看不到水光时立即施色。这样可以防止难看的水印痕迹。

（3）颜色调配的种类不要太多，一般在两三种之内，太多的颜色混合会使颜色变脏、变浑浊，影响画面效果。

（4）使用蜡笔、蜡烛，或者是一张纸或其他东西来对一些地方进行遮蔽，留下必要的空白。

（5）使用小刀这样的锋利工具对纸进行刮擦处理，以得到想要的肌理效果。如果想要色深的肌理，在颜料还未干着的时候就刮擦；如果想要白色亮光，就等到颜料干后再刮擦。

（6）当纸面还湿的时候，把盐洒上去。盐与水发生反应，会产生特殊的肌理效果。

四、环境艺术设计的工程制图表现技法

（一）平面图表现技法

建筑平面图是房屋的水平剖视图，其实是用一个假想的水平面，在窗台之上剖开整幢房屋，移去处于剖切面上方的房屋，将留下的部分按俯视方向在水平投影面上做正投影所得到的图样。[①]

平面图图纸的主要内容包括：

第一，图名、比例、朝向，设计图上的朝向一般采用"上北下南左西右东"的规则。比例一般采用1：100，1：200，1：50等。

第二，墙、柱的断面，门窗的图例，各房间的名称。

第三，其他构配件和固定设施的图例或轮廓形状。除墙、柱、门和窗外，在建筑平面图中，还应画出其他构配件和固定设施的图例或轮廓形状。如楼梯、台阶、平台、明沟、散水、雨水管等的位置和图例，厨房、卫生间内的一些固定设施和卫生器具的图例或轮廓形状。

第四，必要的尺寸、标高，室内踏步及楼梯的上下方向和级数。

第五，有关的符号。在平面图上要有指北针（底层平面）；在需要绘制剖面图的部位，画出剖切符号。

平面图的画法：

（1）选择比例布置图面。

（2）画轴线，轴线是建筑物墙体的中心控制线。

（3）画墙柱轮廓线，承重墙厚为240mm，即在轴线两边分别量取120mm画出墙身轮廓线；

（4）画出门、窗、陈设家具等建筑装饰细部；

（5）画尺寸线及标注尺寸文字。

---

① 安源. 对环境艺术设计中平面图的再认识［J］. 艺术生活–福州大学厦门工艺美术学院学报，2013（02）.

（二）立面图表现技法

建筑立面图是在与房屋立面相平等的投影面上所做的正投影。[①] 主要用来表示房屋的体型和外貌、外墙装修、门窗的位置与形状，以及遮阳板、窗台、窗套、檐口、阳台、雨篷、雨水管、平台、台阶、花坛等构造和配件各部分的标高和必要的尺寸。

立面图的图纸内容包括：

第一，图名和比例，比例一般采用 1：50，1：100，1：200。

第二，房屋在室外地面线以上的全貌，门窗和其他构配件的形式、位置以及门窗的开户方向。

第三，表明外墙面、阳台、雨篷、勒脚等的面层用料、色彩和装修做法。

第四，标注标高和尺寸。

立面图的画法：

（1）从平面图中引出立面的长度，量出立面的高度以及各部位的相应位置；

（2）画地平线和房屋的外轮廓线；

（3）画门、窗、台阶等建筑细部；

（4）画墙面材料和装修细部及家具、陈设投影；

（5）标示图名、文字说明及材料、构造做法。

（三）剖面图表现技法

建筑剖面图是房屋的垂直剖视图，也就是用一个假想的平行于正立投影面或侧立投影面的竖直剖切面剖开房屋，移去剖切平面与观察者之间的房屋，将留下的部分按剖视方向投影面作正投影所得到的图样。[②]

剖面图的图纸内容包括：

第一，剖面应剖在高度和层数不同、空间关系比较复杂的部位，在底层平面图上表示相应剖切线。

第二，图名、比例和定位轴线。

第三，被剖切到的建筑构配件：室外地面的地面线、室内地面的架空板和面层线、楼板和面层；被剖切到的外墙、内墙及这些墙面上的门、窗、窗套、过梁和圈梁等构配件的断面形状或图例；被剖切到的楼梯平台和梯段；竖直方

①　田密蜜，方茂青.浅议环境艺术设计教学中的制图语言训练［J］.华中建筑，2010，28（08）.
②　田密蜜，方茂青.浅议环境艺术设计教学中的制图语言训练［J］.华中建筑，2010，28（08）.

向的尺寸、标高和必要的其他尺寸。

剖面图的画法：

（1）选择剖切位置及比例。

（2）画墙身轴线和轮廓线、室内外地平线、屋面线。

（3）画门、窗洞口和屋面板、地面等被剖切的轮廓线。

（4）画室内陈设、建筑细部。

（5）画断面材料符号，如钢筋混凝土柱填充相应制图符。

（6）画标高符号及尺寸线。

五、环境艺术设计的配景表现技法

（一）人物表现技法

在彩色表现中加入人物可以给看图者一个相对参照物以快速判断图画中所有部分的相对大小。同时，人物的表现可以活跃整幅画面的气氛，增添必要的生动性。[①] 环境艺术设计师的任务是对空间进行设计而不是设计其中出现的人物，所以在绘制效果图时可以临摹照片或很多有关"环境"的书籍中出现的人物。在条件允许的情况下能找到合适角度下的合适人物这当然是最好的，但可能这种临摹的方法实际上要更花时间。

首先，合适人物的着装和行动均要符合所在地点的要求；其次，如果能把人物安排进其所在的场所会更有说服力，如坐在长凳上，脸朝某个方向很轻松地坐着或是在某处驻足观看等。这些要求都会极大地缩小寻找合适人物的范围。如果学会了勾画用于设计图的简单而又比例合适的人物，设计过程会简单快捷得多。通过学会勾画或站或坐或走的人物，就可以给效果图添加该图需要的各种姿势的人物了，这样可以省去很多找参考图带来的麻烦，使整个表现过程流畅得多。

画人物时最重要的特点是比例要自然，比例合适的人物不仅能帮助看图者理解设计图，还能平衡整个表现图的比例分配。有些人物不需要画得很细致，但他们身上的服饰必须符合所设计的场合和当时的天气情况。注意，人物离画面越远，它的服饰和细节就应该越简单。选择服饰颜色最好的方法是综合运用图画中已有的颜色。人物身上可以重复使用已有的颜色，这也有助于通过在画面分散某些颜色来形成整个画面色调的统一。

---

① 张葳，何靖泉．环境艺术设计制图与透视（第2版）［M］．北京：中国轻工业出版社，2017：225.

（二）植物表现技法

花草树木也是效果图表现的重要配景之一，其在图中起到活跃气氛、衬托主体和平衡画面的作用。同时，其对画面的色彩也能起到独特的作用。各种不同品种的植物有着各自不同的形态，画法也不尽相同。但总体来说，大部分表现手法还是可以遵循以下的法则：

（1）刻画较近的植物花卉时，应注意植物的品种、造型和姿态，处理好植物叶子的前后遮挡关系。

（2）渲染色彩时，不要概念化地全晕染成一种绿色，要注意层次、转折以及它的色彩深浅和色相变化。

（3）树木的叶冠中有很多镂空，在表现时应该根据构图原则，有意识地预留出这些空隙，这样会使所表现的形象更生动、灵活。

（4）远景的树木，不要作强烈的明暗对比和形态的塑造。在具体表现时，可以用单线勾勒整个植物群的轮廓，使之简单化，以保证画面的整体性平面图植物画法，注重植物的整体轮廓，可以采用立体或者平面的表现方法，同时要注意植物疏密关系的变化。

六、环境艺术设计的材质表现技法

（一）木质材料的表现

木质材料能给人一种亲和力，具有加工容易、方便的特点，在室内装饰中应用较多，如板面、门窗的材料主要应用木材饰面板。木质因施工过程中上漆的手法不同，其表面反光的程度也会有所不同，表现时应加以注意。表现木头的纹理要注意木质的不同，有的木质纹理比较明显且色彩较深，有的则比较细腻且色彩较浅，所以表现时应有所区别。表现木纹时，如果采用薄画法，可以先画出纹理，再上木色，也可以先上木色，再绘出纹理；如果采用覆盖法，应先画出木色，待干后再绘出木纹。[①]

（二）石质材料的表现

在装饰中应用的石材，一般分为平滑光洁的和粗糙的。前一种偶有高光，直接反射灯光、倒影。一般用钢笔画一些不规则的纹理和倒影，以表现光洁的大理石的真实感；另一种较粗糙，在大面积石材装饰中，产生一种亚光效果或

---

① 孙虎鸣. 环境艺术设计手绘效果图表现技法［M］. 石家庄：河北美术出版社，2016：94.

者粗糙的肌理效果。这种烧毛石材一般用点绘来表现亚光的效果。石材纹理表现的好坏是表现石材的关键，表现时要注意远近虚实的变化，倒影和高光要根据地上、墙上物体在来决定。

（三）金属材料的表现

不锈钢、钛金、铜板、铝板等金属装饰用材，在现代装饰设计中应用广泛，它们能起到丰富材料、强化视觉效果、烘托室内空间的时尚装饰效果的作用。在表现时，要注意镜面金属材料直接反射外部环境的特殊性，可以用点绘和线绘的方法来表现高光、投影和金属特有的光泽感。

（四）织物材质的表现

织物在现代装饰中，属于软装饰的一种，是居室内不可缺少的一员。织物由于自身有着缤纷灿烂的色彩，所以在具体装饰中，可以多运用一些，以使空间变得丰富多彩。在表现时，可以运用轻松、活泼的笔触，形成柔软的质感，尽量与其他硬材质在表现上形成差异。有时因为有了织物那种跳跃的色彩，使得本来平白的效果表现变得生机盎然，富有艺术感染力和视觉冲击力，能起到一种调节空间色彩的作用。

第四章　环境艺术设计材料与构造解读

随着我国经济的快速发展，人民生活水平的不断提高，追求良好的人居环境已成为社会的重要诉求。环境艺术设计材料与构造作为环境设计中的组成部分，扮演着越来越重要的角色。本章对环境艺术设计材料与构造进行详细解读。

第一节　环境艺术设计材料的选用与搭配

一、环境艺术设计材料选用与搭配的要求

现代室内设计越来越强调设计的简洁化，在满足使用功能的前提下，运用单纯和抽象的几何学形态要素点、线、面以及单纯的线面和面的交错排列处理来创造简约的造型，这种新简约主张源自 20 世纪初出现的"现代主义"。西方建筑大师密斯·凡·德罗（Miesvander Rohe）主张"灵活运用，四望无阻"，提出"少即是多"的口号就是对简洁的说明。[①]"简洁"的设计思想有着深刻的美学根源，随着生活节奏的加快，人们对周围的事物产生了越简洁越轻松的感觉。化繁为简、形随机能的美学理念在现代室内设计中再次成为流行趋势。

简洁需从色彩、造型、材质各方面着手，反对多余装饰的同时，崇尚合理的构成工艺，尊重材料的性能，讲究材料自身的质感和色彩的搭配效果。目前室内设计过程中，对材料的肌理效果和质地的重视，开始上升到前所未有的重视程度。所以，创造新的质感效果，重视人对这些质感效果的心理效应，已成

---

① 唐济川，郑艳，何艳婷．全国高等教育艺术设计专业规划教材　西方艺术设计发展史［M］．北京：中国轻工业出版社，2017：82．

为现代室内设计师们刻意追求的目标。

在构成室内空间环境的众多因素中，各界面装饰材料的质感对室内环境的变化起到重要的作用。质感包括形态、色彩、质地和肌理等几个方面的特征。要形成个性化的现代室内空间环境，设计师不必刻意运用过多的技巧处理空间形态和细部造型，应主要依靠材质本身体现设计，重点在于材料肌理与质地的组合运用。

肌理是指材料本身的肌体形态和表面纹理，是质感的形式要素，反映材料表面的形态特征，使材料的质感体现更具体、形象；质地是质感的内容要素，是物面的理化类别特征。在室内环境中，人主要通过触觉和视觉感知实体物质，对不同装饰材料的肌理和质地的心理感受差异较大。常见的装饰材料中，抛光平整光滑的石材质地坚固、凝重；纹理清晰的木质、竹质材料给人以亲切、柔和、温暖的感觉；带有斧痕的假石有力、粗犷豪放；反射性较强的金属质地不仅坚硬牢固、张力强大、冷漠，而且美观新颖、高贵，具有强烈的时代感；纺织纤维品如毛麻、丝绒、锦缎与皮革质地给人以柔软、舒适、豪华典型之感；清水勾缝砖墙面使人想起浓浓的乡土情；大面积的灰砂粉刷面平易近人，整体感强；玻璃使人产生一种洁净、明亮和通透之感。不同材料的材质决定了材料的独特性和相互间的差异性。在装饰材料的运用中，人们往往利用材质的独特性和差异性来创造富有个性的室内空间环境。

装饰材料的质感运用要营造具有特色的、艺术性强、个性化的空间环境，往往需要若干种不同材料组合起来进行装饰，把材料本身具有的质地美和肌理美充分地展现出来。材料质感的具体体现是室内环境各界面上相同或不同的材料组合，所以，在室内环境设计中，各界面装饰在选材时，既要组合好各种材料的肌理质地，又要协调好各种材料质感的对比关系。

二、环境艺术设计材料选用与搭配的方式

装饰材料质感的组合，在实际运用中表现为三种方式：

（一）同一材质感的组合

如采用同一木材饰面板装饰墙面或家具，可以采用对缝、拼角、压线手法，通过肌理的横直纹理设置、纹理的走向、肌理的微差、凹凸变化来实现组合构成关系。

（二）相似质感材料的组合

如同属木质质感的桃木、梨木、柏木，因生长的地域、年轮周期的不同，

而形成纹理的差异。这些相似肌理的材料组合，在环境效果上起到中介和过渡作用。

（三）对比质感的组合

几种质感差异较大的材料组合，会获得到不同的空间效果。例如将木材与自然材料组合，很容易达到协调，即使同一色调，也不显得单调。典型的例子如家居中以木材和乱石墙装饰墙面，会产生粗犷的自然效果；而将木材与人工材料组合应用，则会在强烈的对比中充满现代气息，如木地板与素混凝土场面，或与金属、玻璃隔断的组合，就属此类。体现材料的材质美，除了以材料对比组合手法来实现外，同时运用平面与立体、大与小、粗与细、横与直、藏与露等设计技巧，能产生相互烘托的作用。

装饰材料属强质材料，凡具有质地、质感、光泽这三项特性中任意一项的材料都是强质材料。强质材料除了将自身的色彩、纹样等奉献于所需的空间效果外，还可以与其他材质内容进一步丰富装饰效果。例如以天然木材进行装修时，在获取木材的纹理、色泽效果的同时，亦获取了木材所提供的触感和木材本质的视感，从而使装饰效果更加丰富。在室内装饰时，纯粹使用强质材料，材料间的组合显著是和谐的，因为这是一种具有"强质"共性的组合，如木材、石材、玻璃等强质材料虽然具有各不相同的质感，但组合时很容易达到和谐的效果。将材料作强质组合时有一个重要的特征：在同一室内空间中只使用唯一的一种色彩，一般不会产生单调感。如用不同加工程度的木材组合：高贵的精加工木质饰面与粗朴自然的粗加工原木同处一室，尽管色调相同，但两者搭配仍相得益彰，这是因为室内所用的种种材料自身的装饰性是富于变化的，可以从不同的侧面对装饰效果予以强调。

装饰材料的不同质感对室内空间环境会产生不同的影响，材质的扩大缩小感、冷暖感、进退感，给空间带来宽松、空旷、温馨、亲切、舒适、祥和的不同感受。在不同功能的建筑环境设计中，装饰材料质感的组合设计应与空间环境的功能性设计、职能性设计、目的性设计等多重设计结合起来考虑。

办公环境和学校环境是较为安静、素雅的空间，材质应单纯、简捷、明快，使其具有空旷、安静、爽心的工作学习效果。住宅空间环境以舒适方便、温馨恬静为前提，材料选择以质地平和、简洁、淡雅的自然材料为主，也可以点缀适量的玻璃、金属和高分子类材料，显示时代气息。此外，娱乐场所的空间环境比较活泼、刺激，选择材料、色彩、造型都应具有一种动感，不论使用哪种材料，表现肌理都应具有醒目、突出的触觉特征，以烘托娱乐的环境气氛；身处繁华闹市区的商场店面，其空间环境主要是吸引、引导消费者前来选购商品，装饰材料肌理质地与色彩应具有视觉冲击力，使购物环境更加温馨、舒适；医院的空间环境较为安详、安静，材料质地宜单纯、素雅，不要求太多的肌理变化，使病人能静心地养病、康复。当然，在室内空间环境的各因素上，材料质感组合搭配只是其中一个方面，材料造型、色彩、灯光照明、家具风格、装饰物品等，对烘托空间气氛也有不可忽视的重要作用。总之，装饰材料的质感组合对环境整体效果的作用不容忽视，要根据空间的功能、艺术气氛、业主的年龄喜好等来选择组合不同的材料。在室内设计中，从界面到家具、从隔断到陈设，应当是各种材质简约与丰富、质感与品位、实用与个性的相互照应、有机组合，在越来越强调个性化设计的今天，装饰材料的质感表现将成为室内设计中空间材质运用的新焦点。

室内色彩直接影响人的情绪，科学地用色有利于工作，有助于健康。处理得当才能符合功能要求，取得美的效果。合理运用对比色或调和色的搭配，能在室内环境中加强视觉的空间感，从而起到使视野扩大或缩小的作用。在室内陈设中为了突出重点陈设，背景色调应处于从属地位。同时室内整体空间应以低纯度的色调为主，然后再以高纯度色彩在局部和重点进行点缀，这样便可以起到典雅丰富的视觉效果。现代建筑室内色彩构成一般趋于鲜明，构图更加大胆，甚至大面积采用原色，因此，我们不妨在色彩运用上进行大胆创新，打破过去的框框。如柯布西埃的马赛公寓、巴黎音乐学院就是大胆运用色彩的典范。室内陈设中应该充分利用色彩的搭配与对比，反映出轻松、简洁、独特、浪漫、新奇的趣味性和深沉，使人感觉朴实得体又不缺创世纪性的超前意识，体现出别具一格，风华正茂的态势。同时，现代灯具不断地进行换代性发展，如果我们的设计不创新、不与灯具发展同步，就远远跟不上形势。

因此，室内陈设的创新应该与现代照明技术的运用相结合，如传统的豪华型吊灯，应加以更新和改造，才能在现代室内环境设计中获得新的生命。在大型公共建筑空间中，由于采用现代工艺生产的特制灯具，不仅具有强烈的现代感，还可以起到改变空间尺度，扩大空间层次的作用。随着照明灯具光效应的改善，人工照明已被广泛地利用起来，因此在室内陈设过程中如何根据实地自然采光条件和功能空间布局结构来合理安排不同类型灯具并使其达到和谐的视觉效果是我们室内陈设的一个重要内容。

三、环境艺术设计材料选用与搭配的创新

总之，室内陈设是我们生活中不可或缺的组成部分，而室内陈设中的不断创新更是现代室内陈设中的重点。有了创新，才会有更多更好的舒适美丽的生活空间。这正是验证了设计行业的一句老话"设计在于创新"。设计创新问题

的研究应立足于我们现有设计水平的提高，我们应当强化建筑与室内陈设基本意识观念，提高现代设计理论知识水平，在当代国外现代室内陈设发展过程中吸取营养，创造出更多的好的作品来。

（一）设计结构创新

室内陈设具有灵活多变的特性，依托于科技进步的新型装修部件化结构，可随迁徙而拆卸转移，减少现场作业工时，大大缩短装修时间，使装修过程逐步实现"绿色化"。对结构构件的诸多创新型研究的目的是使室内空间能够自由分割空间，延长合理使用寿命，具有可持续发展的能力。

（二）装饰材料运用的创新

材料的选择与搭配，蕴含和表达着设计师的情感和创造力，好的装饰材料能给设计师一个好的创意。一个好的设计，会让一件精心策划的设计作品有无穷的魅力和无穷的生命力，因此，装饰材料在室内陈设中所发挥的作用是不可忽视的。室内陈设材料是加强空间效果的重要元素，也是设计创新的一个突破口，若干新型材料和不同肌理材料的组织，对改善空间条件能起到不可估量的作用。实际上，室内空间所展现给我们的就是各种装饰材料不同组合的结果。而这种组合就是要对装饰材料在室内陈设中的使用进行详细的分析，因此必须要突破传统与习惯，打破常规的应用手法，发展出一些新的创新形式。仿石、仿金属涂料的运用，使这类材料加工更加容易，使金属和石材在室内使用的范围扩大，为室内环境的创；而在装饰中起很大作用的软装饰也是创新的突破口。

室内陈设设计的变化速度很快，随着时尚潮流、审美观和相关科学因素的变化而变化，出发点和基本原则是根本之源，即以人为本，人类与自然的协调统一。从这两个基本原则设计的创新就会往一个正确的方向发展。

第二节　环境艺术设计装饰材料阐释

一、装饰材料概述

（一）材料的功用

环境艺术设计是依据一定的方法对环境美化的活动，它可以反映时代特征、民族气质、城市风貌。环境艺术设计特性的体现，很大程度上受材料的制约，尤其是受到材料的光泽、质地、质感、图案、花纹等装饰特性的影响。例如，高层建筑外墙面的装饰以玻璃幕墙和铝板幕墙的光亮夺目、绚丽多彩交相辉映的特有效果向人们展示光亮派现代建筑；各种变幻莫测、主体感极强的新型涂料，创造了一个有限空间向无限空间延伸的感觉。因此，材料是环境艺术设计得以实现的物质基础，只有了解或掌握装饰材料的性能，按照使用环境条件合理地选择材料，充分发挥每一种材料的长处，做到材尽其能，物尽其用，才能满足环境艺术设计的各项要求。[①] 根据材料使用的部位不同，所用材料的功能也不尽一致，概括而言，主要表现在以下三个方面：

1. 装饰功能

建筑物的内外墙面装饰是通过装饰材料的质感、线条、色彩来表现的。质感是指材料质地的感觉，重要的是要了解材料在使用后人们对它的主观感受。一般装饰材料要经过适当的选择和加工才能满足人们视觉美感要求。花岗石如不经过加工打磨，就没有动人的质感，只有经过加工处理，才能呈现出不同的质感，既可光洁细腻，又可粗犷坚硬。

色彩既可以影响到建筑物的外观和城市面貌，也可影响到人们的心理。材料的本身颜色有些是很美的，所以在室内外装饰中应充分发挥材料天然美的条件，例如大理石色彩的庄重美、花岗石色彩的朴素美、壁纸的柔和美、木材质朴的色彩美和纹理美。

2. 保护功能

建筑物在长期使用过程中经常会受到日晒、雨淋、风吹、冰冻等作用，也

---

① 王颖，韩永红．软装饰材料在现代室内环境艺术设计中的应用［J］．艺术科技，2018，31（10）．

经常会受到腐蚀性气体和微生物的侵蚀，使其出现粉化、裂缝甚至脱落等现象，影响到建筑物的耐久性。选用适当的建筑装饰材料对建筑物表面进行装饰，不仅能对建筑物起到良好的装饰作用，而且能有效地提高建筑物的耐久性，降低维修费用。如在建筑物的墙面、地面粘贴面砖或喷刷涂料，能够保护墙面、地面免受或减轻各类侵蚀，延长建筑物的使用寿命。

3. 室内环境调节功能

建筑装饰材料除了具有装饰功能和保护功能外，还有改善室内环境使用条件的功能。如内墙和顶棚使用的石膏装饰板，能起到调节室内空气的相对湿度，起到改善使用环境的作用；木地板、地毯等能起到保温、隔声、隔热的作用，使人感到温暖舒适，改善了室内的生活环境。

不同的光线与室内环境结合起来，能创造出室内空间的艺术氛围，取得良好的视觉效果，满足不同使用功能。人们在这种美观舒适的环境中生活、工作、娱乐，会心旷神怡，获得美的享受。

（二）材料的分类

环境艺术设计材料的品种繁多，可从各种角度进行分类，一般可按材料的化学成分分为无机材料、有机材料和复合材料三大类。①

（三）材料的选择

人们进行环境艺术设计的目的就是要造就和改变环境，这种环境应该是自然环境与人造环境的高度和谐与统一。作为环境艺术设计师，应对材料的品种、规格、性能、用途有所认识，才能在工作中正确地识别材料，合理地选择和使用材料。然而材料的品种很多，性能和特点各异，用途亦不尽相同，因此在选择材料时，需要考虑到以下几个方面的问题。

1. 要考虑所装饰建筑的类型和档次

住宅是人们生活的主要场所。除了工作时间以外，人的大部分时间是在住宅里度过的。因此，住宅的室内装饰应围绕着为人提供一个舒适的环境而进行。办公室、教室、图书馆、高级宾馆和大型商场等其他建筑，所选择材料的档次应有所不同。花岗石镜面板材耐磨，装饰效果好，适合用于高级宾馆中人流较多的公共部分，如大厅、走廊、楼梯等；而一般住宅的客厅，则较适合铺设陶瓷地砖。木质地板舒适、保温，在卧室、起居室铺设比较合适；塑料地板耐磨、有弹性，适合用于办公室；化纤地毯、混纺地毯防滑、消音、价格较

---

① 刘少伟. 软装饰材料在环境艺术设计中的应用及影响 [J]. 艺术科技，2016，29（06）.

高，适合用于宾馆；纯毛手工编织地毯高雅、豪华，装饰效果极好，但是价格昂贵，只适合用于少数国家级宾馆和会议中心等场所。法国雅格布·迪拉芳国际公司生产的豪华型卫生洁具，其浴缸水龙头、扶手等五金件均以 24K 金制作，这种极为华贵的材料只有极少数超豪华的酒店才会使用。

2. 要考虑装饰材料的质感、线型、色彩对装饰效果的影响

材料的质感，能在人的心理上产生反应，引起联想。一般说来，材料的这种心理诱发作用是非常明显和强烈的。例如，光滑、细腻的材料，富有优美、雅致的感情基调，当然也会给人以一种冷漠、傲然的心理感觉；金属能使人产生坚硬、沉重、寒冷的感觉；皮毛、丝织品会使人想到柔软、轻盈和温暖；石材可使人感到稳重、坚实和富有力度；而未加修饰的混凝土，表面则容易使人产生粗野、草率的印象。因此，在选择装饰材料时，必须正确把握材料的性格特征，使之与建筑装饰的特点相吻合，从而赋予材料以生命。

材料的尺度、线型、纹理，对装饰效果也会产生影响。就尺度而言，材料的大小尺寸应适中，符合一定比例。例如，大理石及彩色水磨石板材用于厅堂，可以取得很好的效果，但是如果用于居室，则由于尺度太大，会失去其魅力。就纹理而言，要充分利用材料本身固有天然纹样、图样及底色等的装饰效果，或利用人工仿制天然材料的各种纹路与图样，以求在装饰中获得或朴素，或淡雅或高贵或凝重的各种装饰气氛。就线型而言，在某种程度上应将其视作建筑装饰整体质感的一部分。例如，用铝合金压型装饰板装饰外墙面，可以获得具有凹凸线型的效果。

外墙装饰材料的色彩，应根据建筑物的规模、功能及其所处的环境进行综合考虑。建筑物内部色彩应力求合理使用，以期在生理和心理上均能产生良好的效果。红、橙、黄色，能使人看了联想到太阳、火焰而感觉温暖，故称为"暖色"；绿、蓝、紫罗兰色，使人看了会联想到大海、蓝天、森林而感到凉爽，故称为"冷色"。

暖色调使人感到热烈、兴奋、温暖；冷色调则使人感到宁静、幽雅、清凉。因此，在具体选用时，要考虑到材料的质感、线型、色彩等对装饰效果的影响。

3. 要考虑装饰部位的使用环境和使用功能

普通石膏板吊顶在潮湿的环境使用，其挠度将增加，会影响顶棚的美观和安全，因而应改用防潮型石膏板，同时应选用规格较小的。浴室、厨房的水汽、油烟较大，其墙面可选用表面光滑的内墙釉面砖贴面，以便清洗。塑料壁纸是广泛用于室内墙面的装饰材料，但因不透气，较少用于住宅的内墙面。居室墙面选择用织物制作的壁纸比较合适。南方住宅的客厅常用陶瓷地砖铺设，清洁、美观、凉爽；北方寒冷地区宜选用有一定隔热保温性能的木地板较为合

适。在有水的地面还应考虑防滑，如卫生间、浴室的地面，最好选用防滑的陶瓷锦砖。在人流集中的商店、候车厅的地面，应选择耐磨性能好的彩色水磨石和陶瓷地砖或花岗石贴面。南京某新华书店营业厅内的主楼梯选用大理石上压铜防滑条贴面，因人流量大，建成后使用 15 年，其磨损程度比南京某商场使用 40 多年的水磨石楼梯还严重。因此，装饰部位的使用环境和使用功能，是选择装饰材料要考虑的一个重要因素。

由此可见，在选择装饰材料时，需要根据建筑的类型、档次和使用部位的具体要求，来巧妙合理地运用材料的质感、线型和色彩，以便使建筑装饰满足一定的功能，适应一定的环境，发挥出最佳的装饰效果。

二、装饰石材

环境艺术设计中的装饰石材分天然和人造两种。前者是指从天然岩石体中开采出来的荒料或加工成块状、板状材料的总称，后者是以前者石渣为骨料制成的板块总称。在环境艺术设计中比较常用的装饰石材主要有天然大理石、天然花岗石，人造石材、园林造园用石等。[①]

（一）天然大理石

天然大理石是一种变质岩，常呈层状结构，属于中硬石材。天然大理石板材是由天然大理石荒料经锯切、研磨、抛光及切割而成的。它可制成高级装饰工程的饰面板，用于宾馆、展览馆、影剧院、商场、图书馆、机场、车站等公共建筑工程的室内墙面、柱面、栏杆、地面、窗台板、服务台的饰面等。此外，它还可以用于制作大理石壁画、工艺品、生活用品等。

天然大理石板材按形状分为普型板材（N）和异型板材（S）。普型板材，是指正方形或长方形的板材。异型板材，是指其他形状的板材。常用普型板材的厚度为 20mm，长与宽常见的有 300mm×300mm、400mm×400mm、600mm×600mm 等规格。

（二）天然花岗石

天然花岗石是一种分布最广的火成岩，属于硬质石材。天然花岗石板材是天然花岗石荒料经锯切、研磨、切割而成的。花岗石可制成高级饰面板，用于宾馆、饭店、纪念性建筑物等的门厅、大堂的墙面、地面、墙裙、踢脚及柱面

---

① 尹莎，戴向东，张岩红，李程蓉. 石材在室内空间界面装饰设计中的应用研究 [J]. 家具与室内装饰，2012（04）.

的饰面等。花岗石板材按形状分为普型板材（N）和异型板材（s）。常用普型板材厚度为 20mm，长与宽常见的有 300mm×300mm、400mm×400mm、600mm×600mm 等规格。

花岗石板材按加工程度的不同，可分为以下三种：

（1）细面板材（RB）：它是表面平整、光滑的板材。

（2）镜面板材（PL）：它是表面平整，具有镜面光泽的板材。

（3）粗面板材（Ru）：它是表面平整、粗糙，具有较规则加工条纹的机创板、剁斧板、锤击板、烧毛板等。

（三）人造石材

用人工方法制造的具有天然石材的花纹和质感的合成石，称为"人造石材"。它的花纹图案可以人为控制，如仿大理石、仿花岗石、仿玛瑙石等，且质量轻、强度高、耐污染、耐腐蚀、方便施工，是现代建筑理想的装饰材料。目前，以人造大理石用得最多。

1. 人造石材的类型

（1）树脂型人造石材：树脂型人造石材是以有机树脂为胶粘剂，与天然碎石、石粉及颜料等配制拌成混合料，经浇捣成型、固化、脱模、烧干、抛光等工序而制成。这是目前主要使用的人造石材。

（2）水泥型人造石材：水泥型人造石材是以白水泥、普通水泥为胶结材料，与大理石碎石和石粉颜料等配制拌和、成型、养护而制成。

（3）复合型人造石材：这种石材的胶粘剂中，既有无机材料，又有有机高分子材料。用无机材料将填料黏结成型后，再将坯体浸渍于有机单位中，使其在一定条件下聚合。对于板材而言，底层用低廉而性能又稳定的无机材料，面层用聚酯和大理石粉制作。

（4）烧结型人造石材：烧结型人造石材的生产工艺与陶瓷工艺相似，即将长石、石英、辉绿石、方解石等粉料和赤铁矿粉以及一定量的高岭土共同混合，用泥浆法制备坯料，用半干压法成型，再在窑炉中以 1000℃ 左右的高温焙烧而成。

人造石材大都属树脂型，按表面图案的不同，可分为人造大理石、人造花岗石、人造玛瑙石和人造玉石等几种。人造石材常用于室外立面、柱面装饰，室内铺地和墙面装饰，卫生洁具，如洗面盆、浴缸、便器等产品。此外，还可作楼梯面板、窗台板、服务台面、茶几面等等。

2. 树脂型人造石材的性能

（1）色彩花纹仿真性强，其质感和装饰效果完全可与天然大理石和天然花岗石媲美。

（2）强度高、不易碎，其板材厚度薄、重量轻，可直接用聚酯砂浆或胶水泥净浆进行粘贴施工。

（3）具有良好的耐酸碱、耐腐蚀和抗污染性。

（4）树脂型人造石在大气中长期受到阳光、空气、热量、水分等的综合作用后，随着时间的延长，会逐渐产生老化。老化后，表面将失去光泽，颜色变暗，从而降低其装饰效果。

（5）可加工性好，比天然石材易于锯切、钻孔。

三、建筑装饰陶瓷

我国建筑陶瓷源远流长，自古以来就被用作建筑物的优良装饰材料。陶瓷艺术是火与土凝结的艺术，人们一提起建筑陶瓷装饰艺术，常常会想到金碧辉煌的中国皇宫建筑和九龙壁、琉璃塔这些流芳千古的不朽之作。北京故宫堪称琉璃博物馆。随着近代科学技术的发展和人民生活水平的提高，建筑陶瓷的应用更加广泛，其品种、花色和性能亦有了很大的变化。

（一）陶瓷的概念

陶瓷有狭义和广义之分。"狭义陶瓷"一般是指陶器、炻器和瓷器的通称。这些陶瓷制品以黏土、长石、石英等天然矿物原料及少量的化工原料，经配料、粉碎、加工成型、烧成等工艺所制成，包括日用陶瓷、艺术陈设陶瓷、建筑卫生陶瓷、电瓷、化工陶瓷等。由于使用的原料主要是硅酸盐矿物，所以人们把"狭义陶瓷"制品与玻璃、水泥、搪瓷、耐火材料等归属于硅酸盐材料。①

随着近代科学技术的发展，出现了许多新的陶瓷品种，如氧化物陶瓷、碳化物陶瓷、氮化物陶瓷等。由于这些制品在使用原料、化学组成、生产工艺、材料性能、结构形态和产品应用等方面与传统陶瓷的含义相比有了很大的变化，因此，"广义陶瓷"可理解为"无机非金属固体材料"。

从结构上看，陶瓷制品是由结晶物质、玻璃态物质和气泡所构成的复杂系统，这些物质在种类、数量上的变化，赋予了陶瓷不同的性质。

（二）陶瓷装饰与应用

装饰是对陶瓷制品进行艺术加工的重要手段。根据设计的需要进行装饰，

---

① 方愉. 浅析陶瓷艺术与环境艺术设计［J］. 科技经济导刊，2018，26（15）.

既能提高陶瓷材料制品的外观效果，又能起到对制品本身的一定保护作用。釉是指附着于陶瓷坯体表面的一种连续玻璃质层，对陶瓷起装饰作用。① 常见陶瓷的釉料及性能有如下六类：

1. 釉下彩绘

在生坯（或素烧釉坯）上进行彩绘，然后施一层透明釉，最后釉烧，即为釉下彩绘。按使用温度不同，釉下彩料分成使用于1250℃以下的（精陶制品）与使用1250℃以上两种。我国釉下彩料多数是使用还原焰1300℃左右烧制的瓷器。这时常用的釉下颜料有红色的锰红与金红、黄色的锑锡黄与锌钛黄、绿色的青松绿与草绿、蓝色的海碧与海蓝、黑色的鲜黑与艳黑、灰色的钡灰与银灰、褐色的金褐茶与茶色。

2. 釉上彩绘

釉上彩绘是在釉烧过的陶瓷釉上用低温颜料进行彩绘，然后在不高的温度下（660℃~900℃）彩烧的装饰方法。我国釉上彩绘中的手工彩绘技术有釉上古彩、粉彩与新彩三种。古彩因彩烧温度较高而又名硬彩，古彩烧后坚硬耐磨，色彩经久不变。古彩的技艺特点是用不同粗细线条来构成图案，且线条刚劲有力，其用色较浓且有强烈的对比特性。粉彩是由古彩发展而来的，它与古彩的技艺上不同点在于：粉彩在填色前，须将类似图案，如花卉、植物、人物等要求凸起部分涂上一层玻璃白，然后在白粉上再渲染各种彩料使之显出深浅阴阳，具有立体浮雕感。新彩来自国外，故也有"洋彩"之称。它采用人工合成或生产的颜料。它的烧成温度较宽，配色可变性大，故色彩种类极为丰富，同时成本低，是一般日用陶瓷普遍采用的釉上彩绘方法。目前广泛采用的釉上贴花、刷花、喷花等都可认为是新彩的发展。

3. 光泽彩

光泽彩是在釉面上涂有或多或少能映现出彩虹各种颜色的金属或氧化物薄膜的装饰法。光泽彩的光泽彩虹是由于入射光与光亮的光泽彩料薄膜的反射光相互发生干涉的现象，与水面上浮着一层薄油层的干涉现象相类似。

4. 裂纹釉

采用具有比坯体热膨胀系数高的釉，可以在迅速冷却中使釉面表面产生裂纹。按釉面裂纹的形态，裂纹釉陶瓷制品的名称也随之而异，如鱼子纹、冰裂纹、蟹爪纹、牛毛纹以及鳝鱼纹等。按釉面裂纹颜色呈现技法不同分成夹层裂纹釉与镶嵌裂纹釉两种。

---

① 段亚. 陶瓷材质在公共环境艺术设计中的优越性 [J]. 艺术科技, 2015, 28（08）.

5. 无光釉

无光釉的表面对光的反射不强，故没有玻璃那样的亮度和光泽，只在平滑表面上显示出丝状或绒状的光泽。这种釉使用于艺术陶瓷上可以得到特殊的艺术效果，因而是一种珍贵的艺术釉。无光釉的冷却速度是制造良好无光釉的关键之一，一般宜延长冷却时间。过快冷却，可变成透明釉。

6. 流动釉

流动釉是用易熔釉在烧成温度下由于过烧而使釉沿着制品的斜面向下流动，形成自然洗染条纹的一种艺术釉。流动釉可以采用浇釉、浸釉、喷釉以及筛釉等方法制成。

（三）陶瓷墙地砖

墙地砖包括建筑物外墙装饰贴面用砖和室内、室外地面装饰铺贴用砖。由于目前这类砖的发展趋向为墙地两用，故称为墙地砖。陶瓷墙地砖主要有彩色釉面陶瓷墙地砖、无釉陶瓷地砖以及劈离砖、彩胎砖、麻面砖、渗花砖、玻化砖等新型墙地砖。

1. 彩色釉面陶瓷墙地砖

彩色釉陶瓷墙地砖是可用于外墙面和地面的有彩色釉面的陶瓷质砖，简称彩釉砖。产品分正方形和长方形两种，厚度一般为 8mm～12mm。彩色釉面陶瓷墙地砖的色彩图案丰富多样，表面光滑，且表面可制成平面、压花浮雕面、纹点面以及各种不同的釉饰，因而具有良好的装饰效果。此外，彩色釉面陶瓷墙地砖还具有坚固耐磨、易清洗、防水、耐腐蚀等优点。

2. 无釉陶瓷地砖

无釉陶瓷地砖简称无釉砖，是表面无釉的耐磨陶瓷质地面砖。按表面情况分为无光和有光两种，后者一般为前者经抛光而成。无釉陶瓷地砖主要为正方形和长方形，产品厚度一般为 8mm～12mm。无釉陶瓷地砖的颜色品种较多，但一般以单色、色斑点为主，表面可制成平面、浮雕面、沟条面（防滑面）等，具有坚固、抗冻、耐磨、易清洗、耐腐蚀等特点。无釉陶瓷地砖适用于建筑物地面、道路、庭院等的装饰。

3. 新型墙地砖简介

近来，随着我国经济的发展和人民生活水平的提高，为满足建筑市场的需要，通过从国外引进和国内研制、创新，生产出了许多种新型饰面陶瓷制品，现将其中主要墙地砖新产品简介如下：

（1）劈离砖

劈离砖又名劈裂砖、双合砖，是将一定配比的原料，经粉碎、炼泥、真空挤压成型、干燥、高温烧结而成。由于成型时双砖背联坯体,烧成后再劈离成2块砖,故称劈离砖。劈离砖种类很多,色彩丰富,颜色自然柔和,表面质感变幻多样,细质的清秀,粗质的浑厚。表面上釉的,光泽晶莹、富丽堂皇;表面无釉的,质朴、典雅大方,无反射眩光。劈离砖适用于各类建筑物的外墙装饰,也适用于楼堂馆所、车站、候车室、餐厅等室内地面铺设。厚砖适用于广场、公园、停车场、走廊、人行道等露天地面铺设,也可用做游泳池、浴池池底和池岸的贴面材料。

(2)彩胎砖

彩胎砖是一种本色釉瓷质饰面砖。它采用彩色颗粒状原料混合配料,压制成多彩坯体后一次烧成,表面呈多彩细花纹。它富有天然花岗岩的纹点,有红、绿、黄、蓝、灰、棕等多种基色,多为浅色调,纹点细腻,色调柔和莹润、质朴高雅。彩胎砖表面有平面和浮雕型两种,又有无光与磨光、抛光之分。特别适用于人流大的商场、剧院、宾馆、酒楼等公共场所地面的铺贴,也可用于住宅的墙地面装修,均可获得甚佳的美观和耐用效果。

(3)麻面砖

麻面砖是采用仿天然岩石色彩的配料,压制成表面凹凸不平的麻面坯体后一次烧成的面砖。其表面酷似经人工修凿过的天然岩石面,纹理自然,粗犷雅朴。有白、黄、红、灰、黑等多种色调,适用于建筑物外墙装饰。厚型砖适用于广场、停车场、码头、人行道等地面铺设。广场砖除正方形、长方形外,还有梯形和三角形的,可用来拼贴成圆形图案,以增加广场地坪的艺术感。

(4)陶瓷艺术砖

陶瓷艺术砖采用优质黏土、陶瓷脊性料及无机矿化剂为原料,经成型、干燥、高温焙烧而成。陶瓷艺术砖表面具有各种图案、浮雕,艺术夸张性强,组合空间自由性大,适用于宾馆、会议厅、艺术展览馆、酒楼、楼宅、公园及公共场所的墙壁装饰。

(5)金属光泽釉面砖

金属光泽釉面砖是采用钛的化合物,经真空离子溅射,将釉面砖表面处理后呈金黄、银白、蓝、黑等多种色彩,光泽灿烂辉煌,给人以坚固、豪华的感觉。这种面砖抗风化,耐腐蚀,历久常新,适用于商店柱面和门面的装饰。

(6)黑瓷装饰板

黑瓷装饰板为我国研制生产的钒钛黑瓷板,现已获中、美、澳三国专利。这种瓷板具有比黑色花岗岩更黑、更硬、更亮的特点,可用于宾馆、饭店等内外墙面及地面装饰,也可用做仪器平台和商店铭牌等。

（7）大型陶瓷装饰面板

大型陶瓷装饰面板具有单块面积大、厚度薄、平整度好、吸水率小、抗冻、抗化学侵蚀、耐急冷急热、施工方便等优点，并具有绘制艺术性，有书法、条幅、陶瓷壁画等多种功能。这种板的表面可做成平滑面、甩点面和各种浮雕花纹图案面，并施以各种彩色釉，极富装饰性。适合用作建筑物外墙、内墙、墙裙、廊厅、立柱等的饰面材料，尤其适用于大厦、宾馆、酒楼、机场、车站、码头等公共设施的装饰。

（8）渗花砖

渗花砖不同于坯体表面上釉的陶瓷砖，它是着色原料从坯体表面进入到坯体内 1mm~3mm 深，使陶瓷砖的表面呈现出不同的彩点或图案，最后经抛光或磨光表面而成。渗花砖属于瓷质坯体，因而其硬度和耐磨性高于釉层。主要用于商业建筑、写字楼、酒店、饭店、娱乐场所、广场、停车场等的室内外地面、外墙面等的装饰。

（9）玻化砖

玻化砖又称全瓷玻化砖、玻化瓷砖，采用优质瓷土经高温焙烧而成。玻化砖的结构致密、质地坚硬。玻化砖有珍珠白、浅灰、绿、浅蓝、浅黄、黄，纯黑等多种颜色或彩点。改变其着色原材料的品种，比例及工艺，可使玻化砖具有不同的纹理、斑纹或斑点，或使玻化砖获得酷似天然大理石、花岗石的质感与效果。玻化砖属于高档装饰材料，适用于商业建筑、写字楼、酒店、饭店、娱乐场所、广场、停车场等的室内外地面、外墙面等的装饰。

第三节　环境艺术设计材料的具体运用

一、茶元素装饰材料在环境艺术设计中的运用

（一）茶元素装饰材料的特征

1. 具有持久的生命力

茶文化在我国有着悠久的历史，在茶叶发展过程中，也随之衍生了许多的产品，如茶具、茶道、茶文化等，这些都是我国茶文化的传统元素，和我国人

民的喜好有着很高的契合度。茶文化装饰元素是我国具有民族特色的传统艺术，虽然现代人所接触的事物越来越多，但是由于茶元素材料具有深厚的文化底蕴，所以能够在变化多端的社会中保持下来，形成了一种艺术设计元素。所以说我国的茶元素装饰材料具有持久的生命力，而这持久的生命力正是茶文化所赋予的。

2. 丰富的文化内涵

当代的环境艺术设计所追求的是简洁、富有文化内涵，这也是当前人们所追求的艺术设计，但是大部分的现代环境艺术设计虽然简洁、廉价，但是缺乏文化内涵，这样的环境艺术设计是缺乏吸引力和个性，所以无法保持人们对现代环境艺术的喜爱，所以要保证人们对于环境艺术设计的喜好，就要在当前的现代环境艺术设计下增加其文化内涵，通过将茶元素装饰材料运用到环境艺术设计中可以提升其文化内涵，提高其吸引力。通过将茶元素装饰材料运用到环境艺术设计中，可以让空泛的环境艺术设计具备深厚的内涵，变得更加个性化。与西方艺术追求不同的是，我国人们更加注重含蓄内敛，所以通过将茶元素装饰材料运用到环境艺术设计中能够让人们含蓄地体会到设计的意境，更有利于人们想象力的发挥，更受到我国广泛的喜爱。①

3. 艺术设计的和谐感

通过将茶元素装饰材料运用到环境艺术设计中，可以增强环境艺术设计中的和谐感。在进行环境艺术设计的时候，部分设计师过于注重表面的设计，但是缺乏了对内涵的设计，通过加入茶元素装饰材料的应用，可以让人们在得到视觉享受的同时还能得到精神的享受，体会到所展现出来的茶文化理念，从而使得环境艺术设计更加的和谐。我国茶文化包含着许多优秀的思想，比如蕴含着道家的天人合一思想、儒家的仁爱思想等，这些思想都一一展示着我国古代的价值观，我国古代讲究阴阳平衡，而这些平衡也使得融入了茶元素装饰材料的环境艺术设计变得更加的和谐，不仅是视觉上的和谐，也是精神追求上的和谐。

（二）茶元素装饰材料的运用

1. 茶元素装饰材料的选用依据

并非所有的材料都可以用来做装饰材料的，所以在挑选茶元素装饰材料的时候，设计者应当结合多个依据，比如材料应当具备艺术性、实用性、经济性

---

① 张慧．茶元素装饰材料与环境艺术设计中的创新应用［J］．福建茶叶，2018，40（09）．

以及环保性，这样的装饰材料才更加符合当前的环境艺术追求。我国茶文化所体会的理念是实用和朴素，所以在挑选茶元素装饰材料时，就要突出实用性和经济性。除此之外，作为环境艺术设计所应用的材料，更要展现出其艺术性，所以所挑选的材料应当具备艺术性。而且国家对于环保的追求，为了符合当前社会的主题，在挑选茶元素装饰材料时也应当注重环保性。在挑选茶元素装饰材料的时候，设计者还应当和自身的环境艺术设计主题相结合，才能更好地解决装饰材料来突出自己的设计主题。

2. 茶元素装饰材料的主体功能

不同的茶元素装饰材料所具备的主体功能是不一样，在不同的环境下所体现出来的主体功能也是有所区别的，所以为了更好地展现出茶元素装饰材料的主体功能，设计者应当将其安放在恰当的地点和环境，从而突出其功能性。在设计的过程中，设计者可以结合环境艺术设计的主体以及用途来界定不同茶元素装饰材料的功能，并且对这些茶元素装饰材料的功能进行深度的艺术挖掘，在保证其实用性的前提下更好地突出艺术性。

3. 茶元素装饰材料的艺术表达

单一的茶元素装饰材料的艺术性并不强，所以要突出茶元素装饰材料的艺术性，就要加强装饰元素和环境艺术设计之间的搭配，两者之间是相互影响的。环境艺术设计的主题是整个设计的主调，所以茶元素装饰材料主要是为了突出环境艺术设计的主题，在选择茶元素装饰材料的时候，应当结合设计主题进行挑选。① 不同的茶元素装饰材料所造成的效果是不一样的，在挑选和应用过程中，设计者应当抛弃传统观念，大胆尝试，可以使用超常规的茶元素装饰材料，通过恰当的艺术设计后，往往可以得到不一样的震撼效果。当代人特别讲求个性化和独特性，所以在进行环境艺术设计的时候，为了突出艺术设计的独特性，设计者可以将茶文化和现代文化进行有效的结合，然后再选择恰当的茶元素装饰材料进行展现。

（三）茶元素装饰材料在环境艺术设计中的创新应用

1. 茶元素在环境艺术设计材料中的应用

环境艺术设计需要借助特定的茶元素装饰材料来展现，所以设计者应当结合设计主题来选择恰当的材料，从而获取不同的视觉形象。不同的材料所展现出来的视觉感受是不一样，比如皮质的家具给予一种时尚典雅的感受，木质的

---

① 范静. 茶元素在环境艺术设计中的运用 [J]. 福建茶叶, 2018, 40 (04).

家具给予一种自然清新的感受，而不锈钢的材质则给予人一种现代简约的感受。在茶元素比较浓厚的地方，在进行茶元素装饰材料的应用则比较少，比如茶馆。而在一些茶元素比较淡的地方，设计者就需要加强对茶元素装饰材料的应用，从而更好地突出茶的主题。比如，可以从茶具中提炼出茶元素。在进行环境艺术设计的时候，可以通过种植茶树来提炼出茶元素，从而自然地将茶元素融入环境设计当中。

2. 茶元素在环境艺术设计色彩中的应用

不同的颜色所代表的风格是有所区别，所以在进行环境艺术设计时，首先就定好整个设计的主调色彩，然后再结合主色调来选择恰当的颜色。茶元素的色彩种类非常多，特别适合用于环境艺术设计，比如茶树中的绿色代表了清新自然，茶具的深色代表了沉稳厚重，茶杯的纯白代表了高雅，不同的茶元素所代表的风格是不一样，在进行实际选用是应当结合环境艺术设计的主题。艺术不仅讲究和谐之美，也追求不同主题之间的碰撞，所以在进行环境艺术设计时，可以进行多元文化的对立设计，在强调传统的同时又展现出现代的简洁之美。所以，部分环境艺术设计过程中，我们可以在现代的家居设计中摆上具有传统文化的茶具，从而突出传统性。不同文化之间的冲击碰撞往往会得到令人意外的艺术效果，所以环境艺术设计者要善于提炼出不同主题风格的特点，从而将这些独特都展现出来，通过借助茶元素装饰材料的各种色彩风格特点来突出环境艺术设计的特点，让设计更加生动有趣。

3. 茶元素在环境艺术设计造型中的应用

环境艺术设计是多变的，不同风格的艺术设计所运用的造型风格也是不一样的，而茶元素装饰材料本身就具备造型多变的特点，即使相同主题下的环境艺术设计，其造型设计也是多样百变的。[①] 比如，茶具的设计就是多变，不同样式的茶杯、茶壶随处可见，所以在进行环境艺术设计时，应当加强对茶元素装饰材料造型多变特点的应用。茶文化的设计讲究整体性，所以在进行环境艺术设计时，应当突出整体性，比如在摆放了茶杯，应当也要配置有茶桌、茶椅以及茶壶等配套的产品，从而更好地突出设计的整体性。为了突出造型的多变性，设计者可以选择风格类似，造型多变的茶桌、茶椅等，从而更好地呈现出不一样的造型，更好地呈现出艺术的多变性。

① 杨娟. 基于茶元素的环境艺术设计应用研究 [J]. 福建茶叶，2018，40（09）.

二、竹材料在环境艺术设计中的运用

（一）竹的文化韵味与环境艺术的关系

环境艺术设计是一种新兴的艺术设计门类，主要由建筑设计、室内设计、公共艺术设计以及景观设计等组成。环境艺术设计的设计对象有很多，而竹材料便是植物设计中的一种。目前，竹材料已被广泛应用在环境艺术设计之中。①

（二）竹材料在环境艺术设计中的运用

1. 观赏竹在环境艺术设计中的运用

我国根据观赏竹的基本形式，一般将其划分为四种类型，即形态观赏型、竹竿观赏型、竹叶观赏型以及地被观赏型。下面以观赏竹在景观中空间的点的构成为例，做一个具体的分析。

竹在景观中是一种特殊的元素，它既可以被当作草类，也可被归为木类。其中，一些形态奇特的竹类，很适合被用来单独种植。例如，湘妃竹、金竹以及墨竹等。这类竹子在景观中的运用，往往是呈点状分布，不需要种植太多的数量。在种植的时候，散生或者丛生都可以。它一般是被种植在公共开放的空间，被作为视觉的中心点，从而吸引人们的注意。

将竹材料呈点状分布在景观中的一般做法是：将其与假山奇石相结合，或是直接种植在墙边、窗前以及池畔等，或是和一些赏花植物种植在一起。例如，将竹子和桃树混合种植在一起，可以形成色彩丰富的竹景，正如"竹外桃花三两枝，春江水暖鸭先知"这句诗中表达的意境，将竹子点缀在桃林之中会给人一种春意盎然的感觉。而在墙角呈点状种植一些特殊的竹类，不仅形成层次丰富的清秀景色，而且还能遮挡建筑构图中的某些缺陷。这样既能增加色彩的丰富性，又能让环境变得更雅致、幽静。

2. 竹材料中竹材在环境艺术设计中的运用

随着社会的不断发展，人们的环境意识越来越强。目前，很多建筑材料对环境的污染都比较大。而竹材料是一种纯天然的材料，对环境基本上没有什么污染。再加上竹材的价格非常廉价，因此，将竹材运用到环境艺术设计之中是

① 刘琦. 竹文化在环境设计中的应用研究［J］. 美与时代（上），2019（02）.

当前的一种趋势。竹子作为设计材料有着无可比拟的优势。材质不仅坚硬，而且抗弯强度也高，且还很轻便；具有良好的物理属性；在化学成分上，与木材极其相似，在一定的物理条件下具有很好的耐久性；竹材在加工时，比木材更容易掌握和操作；生长迅速、建造时间相对较短；分布广泛且应用成熟等等。此外，竹材还具有节能的优点。

3. 竹材料中竹根部分在环境艺术设计中的运用

竹根部分在环境艺术设计中的运用主要表现在竹雕、竹刻等工艺品上。这些经过精心加工的竹根，不仅能给人以美的享受，而且还蕴含丰富的文化内涵。

现在，竹雕是最常见的竹摆设的类型。它主要是使用竹根或是竹茎靠近根部的部分进行雕刻。目前，雕刻的技法已经非常成熟，主要有皮雕、浮雕以及阴阳刻等。竹根的竹壁厚度、质地以及纹路不同，其雕刻的事物也不尽相同。例如，要在竹根上雕刻复杂的事物时，一般要选用竹壁较厚、质地均匀以及纹路奇特的竹根来进行雕刻。

三、金属材料在环境艺术设计中的应用

（一）环境艺术设计中金属材料选择的原则

金属材料加工成为装饰材料需要一定的过程，而金属材料的工艺性能，决定了装饰材料的性能，显然越容易加工的金属，其成本就较低。金属材料的主要制造工艺涉及铸造工艺、锻压工艺、焊接工艺，以及热处理工艺、切削工艺等。在加工工艺上，投入的成本越高，意味着装饰材料的价格更高。[①]

在选择金属材料时，必须选择在开采和使用过程中对环境影响较小，对人体无害的绿色环保材料，在使用过程中还要考虑到冲击和震动、温度与湿度及腐蚀性等一些因素。比如可以选择铝合金材料，因为这种材料对于环境的破坏度低，而且在某种程度上，铝合金材料的循环利用价值更高。设计师也可以参考自然形态，并将其反映到设计方案当中，比如在自然界中常见的蜂窝，这是一种非常合理的空架结构，而应用到实践中出现的就是蜂窝板，将蜂窝板应用在环境艺术设计外装领域当中，具有完美的平整度以及具有良好的安装强度，质地轻盈，加之具有良好的延展性。在此原则的基础之上推进金属材料在环境艺术设计中的合理应用具有现实意义。

---

① 陈传文，鲍丽华. 金属材料在空间装饰中的创新设计运用 [J]. 建材与装饰，2018（51）.

（二）环境艺术设计中常用的金属材料及特性

1. 铝及铝合金装饰材料

铝属于有色金属中的轻金属，呈银白色，有很好的导电性和导热性，仅次于铜。铝的强度和硬度较低，有良好的延展性和可塑性，易加工成板、管、线等。

铝合金装饰材料具有轻量、阻燃、耐腐蚀、不易锈、施工便捷、经久耐用等优点。广泛应用于建筑面板、外墙、活动式隔墙、门窗外框、吊顶、暖气片和楼梯扶手以及其他环境装修及五金等。

2. 不锈钢材料

不锈钢是指耐空气、蒸汽、水等弱腐蚀介质和酸、碱、盐等化学侵蚀性介质腐蚀的钢，又称不锈耐酸钢。实际应用中，常将耐弱腐蚀介质腐蚀的钢称为不锈钢，而将耐化学介质腐蚀的钢称为耐酸钢。不锈钢有很强的耐蚀性，不易产生腐蚀、点蚀、锈蚀或磨损。环境艺术设计中常见的不锈钢材料有彩色不锈钢板、镜面不锈钢板、亚光不锈钢板以及各种截面不同的不锈钢管等。在实际的应用中，如马德里巴拉哈斯机场和曼谷素旺那普机场壮观的玻璃幕墙系统就是采用了不锈钢支撑，创造出惊人的外墙效果。除此之外，不锈钢也是制造公共卫生间隔断、纸巾盒、洗手池和其他物件的首选材料。如上海浦东机场候机厅大量的使用了不锈钢座椅及栏杆，这是因为不锈钢具有易清洁的特性，可以迅速彻底地使用不含化学物质的蒸汽来清洗消毒，同时不锈钢比陶瓷和搪瓷碳钢更具延展性和耐冲击性，非常适合在公共环境空间中使用。

3. 铜和铜合金

铜是人类较早使用的一种金属材料，它具有许多突出的优点，如耐腐蚀，容易开采提炼，加工制作简单。

纯铜的密度为 $8.9g/cm^3$，熔点为 $1083℃$，导电导热性好，耐腐蚀性好，其强度较低、塑性较高，不适宜用作结构材料，主要用于制造导电器材或配制各种铜合金。

铜合金是以纯铜为基体加入一种或几种其他元素所构成的合金。常用的铜合金分为黄铜、青铜、红铜三大类。由于铜所具有的金色感，在环境艺术设计中常替代稀有的、价值昂贵的金作为点缀使用，能够产生古朴高雅，具有浓烈的文化和历史气息的视觉效果，由于铜的艺术表现力极强，还可以加工成为艺术铜门、铜幕墙、铜雕塑、铜壁画等装饰材料，这种创新的思维是将传统工艺美术与环境艺术的有机融合。

（三）结合绿色理念选择环保金属材料

在环境艺术设计和施工的过程中，要注意环境保护工作。我国的资源是有限的，利用好有限的资源，尽量减少对环境的污染，更应在环境艺术设计中得以体现。选择对环境破坏小的金属材料，不要过多使用重金属材料，要提高设计对环境的友好，充分挖掘金属材料本身的能力。因此，在金属材料的选择时候，首先，要注意能耗的问题，即尽量降低金属材料在制造过程中的能耗，这既包括金属提取制造的能耗，也包括金属加工成型材时的能耗。① 其次，在环境艺术设计的过程中，尽量选择工艺程序少的材料，这样不仅能有效降低成本，还能创造出环境友好的空间。最后，选择能够循环使用的金属材料，或者将不能循环使用的材料改造成可以循环使用的材料。这样不仅是资金成本的节约，也是资源的节约。也就是说，金属材料的选择要考虑从开始加工到使用，再到回收循环整个过程对环境所产生的影响，选择时要符合设计要求与功能和低污染的环保型材料，在生产和使用的过程中尽量减少废弃物的排放、减少能源及资源的浪费。这对保护环境起着至关重要的作用，也是实现金属材料可持续发展的有效途径。环保型金属材料相对于传统的金属材料无论其功能还是质感，都能够达到非常优异的环境协调性，它是设计师在环保意识的指导下，所选择的环境艺术设计的新型材料，它必须具有符合生态设计要求的功能性、工艺性、经济性和舒适性。所以，在环境艺术设计的开发和创造过程中，只有结合绿色理念选择环保金属材料，才能为人们营造一个绿色健康，舒适美观的空间环境。

第四节　环境艺术设计材料基本结构与构造阐释

一、建筑构造基础知识

各种不同的建筑，尽管它们在使用要求、空间组合、外形处理、结构形式、构造方式及规模大小等方面各有其特点，但构成建筑物的主要部分都是由基础、墙体或柱、楼地面、屋顶、楼梯、门窗等六大部分组成。此外，一般建

---

① 陈希. 金属材料在艺术设计中的美学表达和应用研究［J］. 大众文艺，2019（14）.

筑物还有台阶、坡道、阳台、雨棚、散水以及其他各种配件和装饰部分等。①

住宅的建筑结构形式有很多钟，例如按其施工方法可划分为现浇（现场浇制）和预制（预先浇制）钢筋混凝土结构两大类型和预应力结构等。一般而言，从采用的结构墙体材料上分，主要有砌体结构（如砖混结构、砌块结构等）以及现浇钢筋混凝土结构和轻钢结构等；从受力传递系统上分，常有剪力墙结构和框架结构等。

（一）常见的承重系统类型

下面就上述常见的承重系统类型做一个简要的介绍。

1. 砌体结构

砌体结构是我国广泛采用的多层住宅建筑的剪力墙结构形式。一般采用钢筋混凝土预制楼板、屋面板作为楼、屋面结构层，竖向承重构件采用砖砌体。

砌体材料主要有：普通黏土砖、多孔砖、普通混凝土小砌块、轻骨料混凝土小砌块等。

常规的砌体厚度有：370 毫米、240 毫米、190 毫米、120 毫米。习惯上人们把 370 为"三七墙"，240 毫米厚的墙称为"二四墙"。在工程中厚度大于等于 240 毫米厚的墙常用作承重墙，小于 240 毫米厚的墙用作非承重墙。承重墙分为纵向承重墙和横向承重墙，分别承受建筑物上部荷重和承受纵横方向来的地震力。外墙作承重作用，理应受到充分的注意，非承重墙仅承担自重，不承担上部荷重，可作为间隔墙使用。

2. 现浇钢筋混凝土结构框架结构

框架一般由梁、板、柱所组成。其特点是框架结构布置灵活，具有较大的室内空间，铝框架结构的楼板大多采用现浇钢筋混凝土板，框架间的填充墙多采用轻质砌体墙。

由于有框架结构的柱截面较大，不宜家具布置和装修，影响室内使用，因此在住宅建筑中采用较少。结合框架结构特点，在新建住宅中出现了一种异形柱框架轻型住宅结构和短肢剪力墙结构体系。

异形柱框架轻型住宅与其他传统结构相比，具有以下特点：由 T 形边柱、十字形中柱、L 形角柱组成框架受力体系，其柱间填充墙与体壁同厚，室内不出现柱楞，便于使用，填充墙采用轻质保温隔热材料，因墙体减薄，与砌体结构相比可增加使用面积。异形柱框架轻型住宅结构体系和短肢剪力墙结构体系在多高层住宅中的应用方面具有广阔的发展前景。

---

① 张璐. 环境艺术设计专业"建筑构造"教学研究与探索 [J]. 艺海，2011（08）.

3. 剪力墙结构

剪力墙其实就是现浇钢筋混凝土墙，主要承受水平地震荷载，这样的水平荷载对墙、柱产生一种水平剪切力，剪力墙结构由纵横方向的墙体组成抗侧向力体系。它的刚度很大，空间整体性好，房间内不外露梁、柱棱角，便于室内布置，方便使用。剪力墙结构有较好的抗震性能，其不足之处是结构自重大。预应力剪力墙结构常可以做到大空间住宅布局，剪力墙结构形式是高层住宅采用最为广泛的一种结构形式。此时，房间的分隔墙和预应力厨房卫生间分隔墙可采用预制的轻质隔墙来分隔空间。

(二) 建筑物承重结构的形式

如按照建筑物的承重结构，主要有以下几种形式：

1. 砖混结构

是指建筑物中竖向承重结构的墙采用砖或者砌块砌筑，构造柱以及横向承重的梁、楼板、屋面板等采用钢筋混凝土结构。通俗上讲是小部分钢筋混凝土和大部分砖墙承重的结构。

2. 钢筋混凝土结构

是指房屋的主要承重结构如柱、梁、板、楼梯、屋盖用钢筋混凝土制作，墙用砖或用其他材料填充。这种结构抗震性好，整体性强，抗腐蚀性、耐火能力强，经久耐用。

3. 砖木结构

是建筑物中竖向承重结构的墙、柱等采用砖体砌筑，横向采用木质结构。这种结构现代建筑中基本已不采用，其各种性能都较差。

4. 钢筋框架结构

是指建筑物的竖向、横向等主要承重结构用钢筋制作，其余部位采用玻璃或其他围合材料制作。这种结构多用于售楼处、小商铺等临时性建筑。

二、材料与建筑构造

(一) 建筑装修的范围

建筑装饰设计的范围涉及的面比较广，可以包括环境、风格、色彩、光源、家具等。而建筑装修构造则比较直接，是为了要达到建筑装饰的艺术目的而具体地运用合适的材料，针对实际的墙柱面、楼地面、顶棚、门窗和楼梯等部位进行饰面处理。

（二）建筑装饰材料

建筑装饰材料包括：（1）结构材料，用于建筑物主体的构筑。（2）功能材料，主要起保温隔热、防水密封、采光、吸声等改进建筑物功能的作用。（3）装饰材料，它对建筑物的各个部分起美化和装饰作用，给人以美的享受。

（三）建筑装饰的内容

《装饰工程施工及验收规范》中规定，建筑装修应包括如下内容：抹灰工程、门窗工程、玻璃工程、吊顶工程、隔断工程、饰面砖工程、涂料工程、裱糊工程、刷浆工程和花饰工程等 10 项。

（四）建筑装饰材料的连接与固定

根据各种材料的特性与施工的方法不同，建筑饰面材料的连接与固定一般分为三大类：（1）胶接法。通常在墙地面铺设整体性比较强的抹灰类或现浇混凝土，在铺贴瓷砖、面砖和石材时，利用水泥本身的胶结性和掺入胶接材料作为饰面的方法。此方法一般为湿作业，所费工时大。（2）机械固定法。在装修工程中采用机械连接和固定法具有速度快、效率高、施工灵活和安全可靠等优点，但施工精确度也必须高。（3）焊接法。对于一些比较重型的受力构件的连接或者某些金属薄型板材的接缝，通常采用电焊或者气焊的方法。

第五章　室内环境艺术设计解读

室内环境艺术设计是环境艺术设计的重要组成部分，是建筑设计的内部延续和深化。随着全球经济文化的发展，人们对室内环境的个性化设计日趋重视，更为关注室内环境的审美、文化等精神和情感层面的内容，这对室内环境艺术设计提出了更高的要求。本章主要从室内环境艺术设计的概念入手，探讨了室内环境设计思维创新、设计要素与方法，并探索了室内环境艺术设计创意设计。

第一节　室内环境艺术设计概述

一、室内环境艺术设计的相关概念

（一）室内设计的概念

室内设计是以人在室内空间活动为基础，以建筑提供和限定的空间为范围，以工业、科技、手工业等生产的物质产品为资料，以历史文化、自然环境为创作资源，以满足使用者的功能需求出发，从审美的角度对室内空间环境进行设计的一种创作生产活动。[①] 可见创造满足人们物质和精神生活需要的美好室内环境是室内设计的目的，它需要从整体上把握建筑物和室内空间设计对象的所处时代、周围环境状况、建筑空间的使用性质和功能要求，以及相应工程项目的总投资和单方造价标准的控制等经济投入状况。在此基础上综合处理人与环境、人与物以及人与人之间的诸多关系，综合解决相关功能、经济、技术、舒适、美观、环境氛围等要求。同时，在设计与实施过程中还会涉及材

---

① 黄春滨. 室内环境艺术设计 [M]. 北京：中国电力出版社，2007：28.

料、设备、法规以及施工管理等一系列问题。因此，室内环境艺术设计是一项综合性很强的系统工程。

（二）室内环境艺术设计的概念

室内环境艺术设计是指通过一些艺术设计来增加室内环境空间的艺术美感，其主要包括室内物理环境设计、室内装饰设计、空间形象设计等诸多方面。[①] 随着时代的不断发展，人们的生活水平得到明显提升。[②] 人们不再只是追求物质方面的满足，更多的追求精神方面的满足，故对生活的室内环境艺术设计也提出了越来越高的要求。

二、室内环境艺术设计的特征

（一）系统的半封闭性

通过生态系统的生态平衡原理可以得知，生态系统具有一定的自我调节、恢复自身稳定状态的能力，使能量与物质的输入和输出保持平衡。但是，当调节能力超出承受限度的时候，就失去了生态平衡。各个系统之间是以一种相互关联、相互依存的关系而同时存在的，其中任何一个子系统一旦遭到破坏，就会严重影响整个系统的生存。一般来说，室内环境是由建筑完成后所形成的各个界面围合而成的，这些界面通常情况下是封闭的，室内空间范围和形状通常情况下也是确定的。所以，建筑室内环境是一个具有相对独立的运行模式，并且处于微观层次的、具有半封闭特征的生态子系统。室内的物理环境会由于受到持续和过强的人为因素的干预，导致其自动调节能力减弱，因此，我们需要在室内环境的设计和使用过程中，根据生态平衡的原理，利用各种有效地人为技术和自然手段，模拟自然界的各种要素，尽可能为系统的自我调节提供有益条件、增强系统的自调能力的同时，提高人对于室内系统控制的可能性，创造出一个即接近自然，又符合健康、舒适要求的人类生活与工作的天堂，同时减少对自然环境的污染。

（二）生态审美性

室内环境艺术设计的生态设计观要求"生态美"高于"形式美"。"生态设计可以认为是在现有的传统设计方法上，增加对环境考虑的内容，而且将其

---

① 姬长武，袁静. 室内外环境艺术设计［M］. 济南：济南出版社，2004：82.
② 孙皓，刘东文. 室内环境艺术设计指导［M］. 沈阳：辽宁科学技术出版社，2009：13.

作为一切设计活动所必须首先遵守的根本前提，如果离开了这一前提，那么无论按照传统审美标准该设计如何完美，但从生态设计观的角度看，该设计一定是失败的，这就是可持续设计的生态审美性"。①

（三）开放性

室内环境艺术设计具有很强的开放性特征，主要表现在公众参与设计上。这个思想在后现代主义的设计观点中已经得到了很好的体现，而且收到了良好的效果，只是可持续建筑与室内环境艺术设计观在这方面又进行了重点强调。

"建筑与室内环境艺术设计是一项十分庞大的系统工程，光凭建筑师和室内环境艺术设计师的个人力量已无法达到预期的目标，只有建立起有各种技术人员组成的设计小组，各工种之间密切配合，才能圆满完成设计任务。此外，营造建筑与室内的目的，就是供公众使用，因此，如何在设计中体现公众的爱好，满足公众的需求就显得十分重要。可持续建筑与室内环境艺术设计还强调体现当地的地域文化和文脉，为此设计师必须对当地的传统文化有充分的了解，而群众参与正是达到这一要求的最直接的途径"。②

（四）跃进性

"室内环境艺术设计是一门涉及材料、能源、建筑、产品设计等多门学科的新兴边缘学科，室内环境艺术设计的完成与实现是以整个工业系统为依托的，从某种意义上说，室内环境艺术设计的可持续发展是全社会可持续发展浓缩产生的一个重要标志"。③ 相比于西方发达国家，我国的工业发展才刚刚兴起，却迈进了高科技、全球化发展的行列。所以，它很有可能跃过西方漫长的百年工业化进程，吸取西方工业发展的经验，迅速的构建成一个以网络技术为依托、以服务为主导的可持续发展的生产消费系统。也就是说，对于工业化发展所带来的资源、环境问题，中国已经不需要在工业化发展的进程中再次摸索和总结，而可以直接制定和落实可持续发展的解决方案。这样，室内设计就可以跟随工业系统这种跳跃式的可持续发展步伐，直接跃进可持续发展的更高阶段。这就是我国室内环境艺术设计可持续发展所具备的跃进性的特点。

① 姬长武，袁静. 室内外环境艺术设计 [M]. 济南：济南出版社，2004：137.
② 黄春滨. 室内环境艺术设计 [M]. 北京：中国电力出版社，2007：72.
③ 左明刚. 室内环境艺术创意设计 [M]. 长春：吉林大学出版社，2017：26.

第二节 室内环境艺术设计思维创新

一、室内环境艺术设计创新思维的内涵

所谓的室内环境艺术设计中的创新思维，是指基于一种新颖的思考方式，并且善于把创新元素引入到室内环境艺术设计中，最大限度地彰显设计作品的艺术魅力，提升作品的艺术表现力，进而打破传统的创新思维。[①] 可以说，创新思维有助于设计者产生艺术灵感，进而创作一部优秀的艺术设计作品。创新思维从某种意义上而言，对于打造设计作品的艺术性、美感、唯一性和独特性都发挥着至关重要的作用，因此，在室内环境艺术设计过程中，为了获得更好的设计效果，为室内环境艺术设计提供良好的创造条件，要加大创新思维的引入力度。

二、创新思维在室内环境艺术设计中的重要性

首先，创新思维有助于增强室内环境艺术设计作品的呈现效果。在开展室内环境艺术设计的过程中，创新思维的融入，能够帮助设计者拓展设计思路，开发出独特的艺术展现形式，以一种全新且独特的形式表达出自身对室内环境艺术设计的想法，可以使室内环境艺术设计表达效果得到明显增强。在室内环境艺术设计中应用创新思维，可大大提升室内环境的美学欣赏价值及艺术价值，增强室内环境艺术设计作品的呈现效果。

其次，创新思维有助于团队设计效率的提升。创新思维具有多元化的特点，既包括一定的感性思维能力，也包括理性的逻辑思维能力。具体来讲，具有较强逻辑思维能力的设计者，更多地注重艺术设计作品的实用性，而具有较强感性思维能力的设计者，则更多地从艺术设计作品的审美性出发，综合考虑材料造型以及颜色等方面因素，注重将多种创新思维能力相融合。一方面有效地提高艺术设计作品的表达效果，另一方面有助于提升整个团队的设计效率。

最后，创新思维有助于设计方案的优化。一件优秀的艺术设计作品离不开创新思维的有效参与，创新思维的引入有助于不断优化设计方案，在对设计方

---

① 伊宏伟，王军，赵涵. 试论创新思维在室内艺术设计中的运用 [J]. 才智，2018 (19).

案的反复修订过程中，不断地从表达元素构思，策划以及作品的展现等方面进行创新，从一定程度上而言，促进了艺术设计作品美学魅力的展现，提升了艺术设计作品的新颖性。

三、室内环境艺术设计创新思维的应用策略

（一）设定室内环境艺术设计目标

创新思维的应用对于室内环境艺术设计目标的设定具有重要意义，其是保证设计目标科学性、合理性的基础。之所以开展室内环境艺术设计，主要是为了满足人们多元化的精神需求及生活需求，特别是在当下国民经济飞速发展的情况下，人们不再仅满足于物质生活追求，精神享受已逐渐成为越来越多人追求的目标。人们大多数时间都是在室内环境中度过的，故对室内设计的艺术性要求越来越高。通过将创新思维融入室内环境艺术设计中，不仅可创造出更具个性、新颖且富有艺术美感的艺术设计作品，而且可使所设计的艺术作品更具特色及文化内涵，提升室内环境艺术设计的整体价值。

此外，将创新思维运用于室内环境艺术设计中，要求设计人员构建出独具代表性的主题形式，先对所需设计的主题内容进行分析、总结，找出其中的核心所在，再对之进行适当的创新，以增强室内环境艺术设计的整体展现效果，提升其整体艺术价值。而对于整个室内环境艺术设计工作而言，创新思维是保证设计作品能够满足人们多样化艺术需求的关键。

（二）树立自然节约的设计理念

在建筑环境中，可以说自然简洁成为主流的发展趋势，加上人们的思想观念开放，将回归自然当成了一种潮流风尚。并且建筑的绿色设计理念呈现出一种节约型的生活模式，因此我们在设计过程中可以形成自然而简洁的设计风格，利用最少的装饰材料来实现最完美的设计效果。

（三）合理运用装饰材料

我们在室内环境艺术设计中的多种理念，都需要通过合理运用材料来实现。我们在室内设计环境中能够运用的材料有许多，但是做到合理利用是较为困难的。当前，为了突出高档次，在许多项目中都会不分场合地用一些高级的材料，例如花岗石、不锈钢等，无疑是将使用高贵材料与提升环境质量这两件差别较大的事混成了一类。

（四）掌握与运用基本设计规律

我们在进行室内设计过程中也是一种认知过程，让实用性、功能性、审美理念和人们的心理情感特征有机结合，需要强调设计中的语言与独特的艺术风格，要从视觉、心理等多角度去激发受众对于美学的感悟，并且激发内心对自然的关爱和对未来生活的美好向往。所以我们设计师需要提升自身修养，这样才能进行艺术的创新设计工作。而我们要想要在室内设计作品中给人们淡雅高贵的感觉，就需要将设计原理与规律应用地恰到好处。在实际的设计中去积累自身经验，汲取他人作品的优点，进而掌握好创作规律，设计出更好的作品。

（五）从生产实践中挖掘艺术设计元素

为了不断提升创新思维在室内环境艺术设计中更好地运用，除了明确室内设计的宗旨和目标，以及提升艺术设计者的思维素质外，还要注重从生产实践中挖掘创作元素。总的来说，生产实践活动为创作者提供了宝贵的经验，这些经验都可以成为艺术设计灵感的来源，并在长期积累过程中，这些艺术设计经验也会内化为创作者自己的知识和本领。除此之外，生产实践活动为艺术创作者提供了宝贵的实践机会，锻炼了其自身的操作能力和动手能力，真正实现了知行合一。可见，把理论知识有效地应用到实践过程中有助于个人创新能力的提升。

（六）通过特殊语言来表现精神内涵

与作曲一样，好的室内环境艺术设计需要有明确主题，我们设计出来的室内设计的特色是需要间接流露出来的，让受众在使用过程中才能感受到。而一些室内设计将所有的文化内涵都直接表现出来，让人一眼就把古今中外所有文化都看在眼里，显得做作而令人窒息。但是没有文化设计内容的室内设计却显得空间呆板、缺乏品味。所以我们需要将传统文化与现代审美理念相融合，将创造出深厚文化品位的生活环境作为室内设计的出发点。所以，我们要丰富自己的品位与阅历，去了解整个时代的发展趋势，进而设计出与时代相符的室内空间。

（七）融入中国特色设计风格

对于中国国民而言，独具中国特色的室内环境艺术设计方能真正满足国民的内心需求。近年来，我国室内环境艺术设计逐渐偏向于西式化，中国特色正逐渐消失。在开展室内环境艺术设计的过程中，设计人员应充分融入创新思维，积极创新设计方案，将中国特色设计风格与现代化设计风格相结合，并注重对自身文化内涵的积累，努力设计出富含中国特色的艺术作品，利用室内环境艺术设计来实现对中国优秀传统文化的弘扬与传承。

(八) 注重情感因素与室内设计的融合

设计的魅力与设计师情感因素密切相关，室内设计者丰厚的情感会激发自己的灵感与创作欲望。许多设计师都会对生活中的多种素材进行收集，汲取多种文化，感悟各地的风土人情，并且会把这些积累的素材运用到自己的设计之中。空间的大小，色彩的调配、空间线条的流畅程度等都包含着设计师们的情感与创新思维。可以说室内环境艺术设计中的语言是包含着设计师们的情感的，很容易让人们去感悟并且产生了共鸣，让我们有多重感官上的领悟。失去热情的设计师是十分可悲的，也难以再创造出新的设计作品。

人类的设计是与自身情感相关的，设计师对于生活的感悟会融到自己的设计之中，我们要去观察生活，发现别人不容易发现的东西，并且时刻拥有饱满的热情。只有集合严谨的设计精神与饱满的创作热情，才能够设计出新的设计作品。

(九) 实现个性化设计

近几年，欧式的设计风格成为我国室内设计的潮流，但是后来由于其自身的呆板与缺乏个性的特征，让很多人对此失去了兴趣。所以我们设计师需要抓住时代的脉搏，坚持民族个性。在室内设计作品中既要体现出时代感，还要融合民族特征，通过独特的创意性设计来展现出新的民族风格。通过设计的整体意识上来体现出民族的责任感与使命感，追求整体的多元化特征与细节的个性化体现，让受众能够在使用过程中不断去发现惊喜。

(十) 室内设计的和谐发展

由于现在追求可持续发展的趋势越来越明显，所以我们在室内设计中尽可能地追求人性化设计，从材料、文化等方面与可持续发展战略相融合。我们在设计中要注重自然资源的和谐利用，在精神功能上注重古典与现代、传统与潮流的结合，形成和谐的设计观念。和谐永远是设计的核心，因此我们在室内空间设计过程中要坚持考虑和谐的因素。

(十一) 提升艺术设计者的思维素质和知识水平

总的来说，艺术设计者的综合素质水平直接决定了室内环境艺术设计作品的质量，而艺术设计是涉及诸多学科的、具有一定综合性的科目，这就对艺术设计者提出了较高的要求。艺术设计者需要具备丰富的知识含量以满足艺术设计活动的需要，涉及逻辑学、美学、几何学、设计学以及文学等多方面内容，并且在艺术设计过程中注重把这些学科知识有效地融合进去，在此基础之上，引入创新思维，进而提升艺术设计作品的整体质量。艺术设计者在平时要注重广泛涉猎群书，不断地充实自己的头脑，丰富自己的知识储备量，对这些知识加以提炼和整合，以寻找艺术设计的灵感，进而不断推动个人艺术设计水平的提升。

另外，艺术设计者要善于从生活实际中寻找创作灵感，增强个人的随机应变能力，注重个人发散性思维能力以及想象能力的培养，提高头脑的灵活度，以不断提高室内环境艺术设计作品的质量。

第三节　室内环境艺术设计要素与方法

一、室内环境艺术设计要素

（一）室内空间的功能与流线组织

1. 室内空间的功能问题

一般地说，建筑的室内空间是人们进行社会生活的场所，因此它的人流集散特性与活动方式、空间容量，以及对空间的要求与室外环境有着根本的区别。而这种差别，常能反映出室内空间功能要求的某些特性。因此在室内环境艺术设计中，就需要善于抓住这些特性进行深入分析，并以此作为室内空间设计的主要依据。同样的，不同类型的室内空间也常因其使用性质不同，反映在功能关系及建筑空间组合上，必然地会产生不同的结果。

在室内空间的功能问题上，空间组成、功能分区、人流组织以及人流疏散等，则是几个比较重要的核心问题。当然，室内空间中的功能问题，绝不仅仅限于上述这些问题，其他诸如室内空间的大小、形状、朝向、通风、采光等都是应当考虑的问题，而且在设计时，也应该给予足够的重视。这些问题，在专述或有关资料中都会有比较详细的分析，这里通过对室内空间的使用性质及人流活动等基本问题的分析，以期突出室内空间中的功能关系的问题。

2. 室内空间的空间组成

在室内空间中，尽管空间的使用性质与组成类型多种多样，但概括起来，可以划分成为主要使用部分、次要使用部分（或称辅助部分）、交通联系部分。无论是由一两个空间组成的小型室内空间，还是成百上千个空间组成的大型室内空间，一般皆可概括为上述三种不同性质的空间类型。充分地研究这三大空间之间的相对关系，可以在复杂的关系中，找出室内空间处理的规律。

规模较大、组成比较复杂的室内空间，虽然各种制约条件远比小型室内空间要多一些，但是在进行室内空间设计与组合时，依然能够按照具体要求协调各自的要求，运用三大空间的不同排列关系，组合出不同的方案来。只有这样，才能使设计思路有条不紊地进行，并能因地制宜地利用客观条件积极主动地解决各种设计中的矛盾。

综上所述，可以看出，空间的使用部分与辅助部分之间，主要使用部分与次要使用部分之间，辅助部分与辅助部分之间，楼上与楼下之间，室内与室外之间……，都离不开交通联系部分。确切地说，室内设计是否合用，除需要充分考虑其使用空间的恰当位置之外，在很大程度上还反映在使用空间与交通联系空间之间配置关系是否适当，交通联系是否方便的问题上。交通联系空间的形式、大小和部位，主要取决于功能关系和室内空间处理的需要，所以一般交通联系部分要求有足够的高度、宽度和形状，流线简单明确而不曲折迂回，对人流活动起着导向的作用。此外，交通联系空间还应有良好的采光和照明，并应重视安全防火的问题。在进行室内空间组合时，应从全局出发，在满足功能要求的前提下，结合空间艺术构思的需要，力求减少走道的面积和长度，这样不仅可以使空间组合紧凑，还可以带来一定的经济效益。

总之，室内空间设计时应力求达到布局合理、使用方便、空间得体、经济有效等方面的要求，才能解决好这一部分的设计问题。

3. 室内空间的功能分区

在进行室内空间设计时，除需要考虑空间的使用性质，还应深入研究功能分区问题。特别是当功能关系组成比较复杂时，就需要将空间按不同的功能要求进行分类，并根据它们之间的密切程度加以划分。区段的划分，应做到功能分区明确和联系方便，同时还应对其中的主与次、内与外、动与静等方面的关系加以分析，使不同功能要求的空间，都能得到合理的安排。

各类建筑室内的功能要求，都毫无例外地存在着不同性质的差别，而这种差别反映在重要性上，有的处于主要地位，有的则处于次要地位。在进行空间组合时，基于这种主次关系的安排，反映在位置、朝向、采光、交通联系等问题上，也应有主次之分。显然，应把主要的使用空间，布置在主要的部位上，而把次要的使用空间，安排在次要的部位上，使空间的主次关系各得其所。

功能分区的主次关系，应与具体的使用顺序密切结合，才能解决好这个问题。又如室内空间中的辅助部分厕所、盥洗室、贮藏室等，这些次要部分是相对于主要部分而言的，并不是说它们不重要，而可以随意安排。相反，应从全局出发，给予合理的解决。从其种意义上说，主要空间能否充分发挥作用，和辅助空间配置是否妥当有着不可分割的关系。

在室内的各种使用空间中，有的对外联系，其功能居主导地位，而有的对内关系密切一些所以，在考虑空间组合时，应妥善处理功能分区中的内外关系问题。

概括地说，可以从空间的联系与分割这一对立统一的概念中引申分析功能分区问题。因为，在各类室内空间中，使用性质不同的空间之间，常要求在功能关系上密切些或疏远些。因而在分析功能关系问题时，应当分析哪些部分需要紧密联系，哪些部分需要适当隔离，而哪些部分既要联系又要有一定的隔离。在深入的基础上，使功能分区得到合理的安排，才能为室内设计打好基础。

4. 室内空间的人流与流散组织

各种类型的室内空间，因使用性质不同，往往存在着不同的人流特点，有的人流集散比较均匀，有的又比较集中。人流活动的这些特点，常通过一定的顺序或某种联系体现出来。

室内空间，特别是中小型室内空间，人流活动比较简单，人流活动的安排多采用平面组织方式。例如展览厅室内设计，为了便于组织人流，往往要求以平面方式组织展览流线，以期达到使用目的。

有的室内空间，由于功能要求比较复杂，它们的流线组织，仅依靠平面的方式，是不能完全解决流线组织问题的，往往需要通过综合分析才能解决，也就是说有的活动按平面方式进行安排，而有的活动需要按立体方式加以解决。例如，机场候机楼通常以立体的方式解决流线组织问题。

综上所述，室内空间组合中的人流组织问题，实质上是人流活动的顺序关系问题。它是一定的功能要求的体现，同时也是组织流线的重要依据，它在某种意义上，涉及室内空间是否满足了使用要求，是否紧凑合理，空间利用是否经济有效等问题。所以，人流组织中的顺序关系是不容忽视的，应结合各类室内空间的不同使用要求，进行深入的分析。

室内空间的人流疏散问题，是人流组织中的又一个重要的内容，尤其对于人流量大而集中的室内空间来说更加突出。室内空间中的人流疏散，大体上可以分为正常的与紧急的两种情况。在紧急情况发生时，不论哪种类型的室内空间，都会变成紧急而集中的疏散性质，因而在考虑室内空间的疏散问题时，应把正常的与紧急的两种流散情况都考虑进去。

以上只是着重从室内空间的使用性质、功能分区、流线特点等方面分析功能问题的。此外，在室内空间组合中，争取良好的朝向，满足合理的采光，创造适宜的通风条件，同样也是比较重要的功能要求，而且它们在一定程度上，甚至会影响室内空间的布局形式。所以在考虑功能问题时，应结合具体设计条件，将它们综合考虑进去，才能比较全面地分析问题和解决问题。

（二）室内空间组织与界面处理

1. 室内空间组织

室内空间组合首先应该根据物质需求和精神需求进行创造性构思。一个好的方案总是根据当时当地的环境，结合功能要求进行整体筹划，分析主次矛盾，抓住关键问题，兼顾内外，从单个空间的设计到群体空间的序列组织，内外反复推敲，使室内空间组织达到科学性、经济性艺术性、理性与感性的完美结合，做出有特色、有个性的空间组合。

合理地利用空间，不仅反映在对内部空间的巧妙组织上，而且在空间的大小、形状的变化，整体和局部之间的有机联系，能在功能和美学上达到协调统一。

在室内空间的组织设计中，还有一个值得重视的问题，就是对储藏空间的处理。储藏空间在各类建筑中都是必不可少的，在居住建筑中尤其显得重要。如果不妥善处理，常会造成室内空间的杂乱。包括储藏空间在内的家具布置和室内空间的统一，是现代住宅设计的主要特点，一般常采用下列几种方式：嵌入式（壁龛式）、悬挂式、独立式等。①

室内空间的大小、尺度，家具布置和座位排列，以及空间的分隔等，都应将物质需要和心理需要两方面结合起来考虑。环境艺术设计师是物质环境的创造者，不但应关心人的物质需要更要了解人的心理需求，通过优美的环境来影响和提高人的心理素质，把物质空间和心理空间统一起来。

（1）空间的分隔与联系

室内空间的组合，从某种意义上讲，也就是根据不同使用目的，对空间在垂直和水平方向进行各种各样的分隔和联系，通过不同的分隔和联系，为人们提供良好的空间环境，满足不同的活动需要，并使其达到物质与精神的统一。上述不同空间类型或多或少与分隔和联系的方式分不开。

---

① 吕立东．室内环境艺术设计研究［J］．丝路视野，2017（17）．

空间的分隔和联系不单是一个技术问题，也是一个艺术问题，除了从功能使用要求来考虑空间的分隔和联系外，对分隔和联系的处理，如它的形式、组织、比例、方向、线条、构成以及整体布局等等，都对整个空间设计效果有着重要的意义，反映出设计的特色和风格。良好的分隔总是以少胜多，虚实得宜，构成有序，自成体系。

空间的分隔，应该处理好不同的空间关系和分隔层次。首先是室内外空间的分隔，如入口、天井、庭院，它们都与室外紧密联系，体现内外结合及室内空间与自然空间的交融等。其次是内部空间之间的关系，要表现在：封闭和开敞的关系、静止和流动的关系、空间过渡的关系、空间序列的开合、扬抑的组织关系、表现空间的开放性与私密性的关系以及空间性格的关系。最后是局部与重点空间的再次分隔。这三个分隔层次都应该在整个设计中获得高度的统一。日本东海大学建筑馆入口空间的组织，多种分隔手段的运用在空间联系、分隔等方面取得了很好的效果。

建筑物的承重结构，如承重墙、柱、楼梯、电梯井和其他竖向管井等，都是空间固定不变的分隔因素，处理空间划分时应特别注意它们对空间的影响。作为非承重结构的分隔材料，如各种轻质隔断、落地罩、博古架、帷幔、家具、绿化等分隔空间，应注意这些构造的牢固性和装饰性。

此外，利用天棚、地面的高低变化或色彩、材料质地的变化，可做象征性的空间限定，即上述空间的种分隔方式。

（2）空间的过渡和引导

空间的过渡，是根据人们日常生活的需要提出来的。[①] 比如：当人们进入自己的家庭时、都希望在门口有块地方换鞋、放置雨伞、挂雨衣，或者为了家庭的安全性和私密性，也需要进入居室前有块缓冲地带。又如：在影剧院中，为了避免观众从明亮的室外突然进入较暗的观众厅，引起视觉上的急剧变化的不适感觉，常在门厅，休息厅和观众厅之间设立光线渐次减弱的过渡空间。这些都属于实用性的过渡空间。此外，还有如厂长、经理办公室前设置的秘书接待室，某些餐厅、宴会厅前的休息室，除了定的实用性外，还体现了某种礼节、规格。凡此种种，都说明过渡空间性质包括实用性、私密性、安全性、礼节性、等级性等多种性质。除此之外，过渡空间还常作为一种艺术手段起空间的引导作用例如，宾馆餐厅外面设置的宽大走道作为过渡空间，不但起到划分空间，提升就餐环境品质的作用，而且可以使人们一边就餐一边赏景。

过渡空间作为前后空间、内外空间的衔接体和转换点，在功能和艺术创作

① 刘宇. 试论创新思维在室内艺术设计中的运用 [J]. 大观，2020（2）.

上，有其独特的地位和作用。过渡的形式是多种多样的，有一定的目的性和规律性。

过渡的目的通常和空间艺术的形象处理有关，如欲扬先抑、欲散先聚、欲广先窄、欲高先低、欲明先睹等。要想达到像文学中所说的"山重水复疑无路，柳暗花明又一村""曲径通幽处，排房花木深"，"庭院深深深几许"等诗情画意的境界，就必须进行过渡空间的处理。① 例如，巴黎卢浮宫博物馆通道处的过渡空间处理，它既是由外及内、由动到静的过渡，同时又可引导人流按预定方向前进。

过渡空间也常起功能分区的作用，如动区和静区、净区和污区等的过渡地带。

2. 室内界面处理

（1）概述

室内界面，即围合成室内空间的底面（楼，地面），侧面（墙面，隔断）和顶面（天花、吊顶）。②

从室内环境艺术设计的整体观念出发，我们必须把空间与界面、"虚无"与"实体"，这一对"无"与"有"的矛盾，有机地结合起来分析。在具体的设计进程中，不同阶段也可以各具重点，例如，在室内空间组织、平面布局基本确定以后，对界面实体的设计就显得非常突出例如，某住宅餐厅设计，顶界面和墙界面适度运用了玻璃镜面，使得不大的餐厅在空间上显得不很压抑。

室内界面的处理，既有功能技术要求，也有造型和美观要求。作为材料实体的界面，有界面的线形和色彩设计，界面的材质选用和构造问题。此外，现代室内环境的界面设计还需要与室内设施设备周密地协调。例如：界面与风管尺寸以及风管出、回风口的位置，界面与嵌入灯具或灯槽的设置，界面与消防喷淋、报警、通讯、音响、监控等设施的接口等。法兰克福某博物馆室内，将出风口、灯具等因素与室内界面融为一体，两者相互呼应、相得益彰。

（2）界面的要求和特点

在进行室内环境艺术设计时，要对底面、侧面、顶面等各类界面的共同要求和各自的使用功能特点进行深入了解。

各类界面的共同要求：耐久性及使用期限，阻燃及防火性能，无毒、无害、无放射，易于制作、安装，隔热保暖，隔声吸声，经济实用。

① 甄伟肖，颜伟娜，孙亮. 艺术设计与室内装潢［M］. 长春：吉林美术出版社，2018：151.
② 左明刚. 室内环境艺术创意设计［M］. 长春：吉林大学出版社，2017：97.

（3）室内界面处理及其感受

人们对室内环境气氛的感受，通常是综合的、整体的，既有空间形状，也有作为实体的界面。影响视觉感受界面的主要因素有：室内采光、照明、材料的质地和色彩、界面本身的形状与线形、图案肌理等。

在界面的具体设计中，根据室内环境气氛的要求和材料、设备、施工工艺等现实条件，也可以在界面处理时重点运用某一手法。例如，瑞士某汽车餐厅墙界面运用透明玻璃管，顶界面使用原木材料，创造出特殊的环境气氛。

室内装饰材料的质地，根据其特性大致可以分为：天然材料与人工材料、硬质材料与柔软材料、精致材料与粗犷材料。

现代社会，"回归自然"是室内环境艺术的发展趋势之一，因此，室内界面常适量地选用天然材料。即使是现代风格的室内装饰，也常选配一定量的天然材料，因为天然材料具有优美的材质和纹理，易于和人们的感受沟通。例如，瑞士日内瓦郊外某餐厅室内环境艺术设计主要使用了天然木材，再配以深棕色地面和绿色植物，环境亲切舒适、易于接受。

由于色彩、线形、质地之间具有一定的内在联系和综合感受，又受光照等整体环境的影响，因此，上述感受也具有相对性。

界面的线形是指界面上的图案、界面边缘、交接处的线脚以及界面本身的形状。

界面上的图案必须从属于室内环境整体的气氛要求，起到烘托、加强室内环境氛围的作用。根据不同的场合，图案可能是具象的或抽象的、有形的或无形的、有主题的或无主题的；图案的表现手段有绘制的、与界面同质材料的或以不同材料制作。界面的图案还需要考虑与室内织物（如窗帘、地毯、床罩等）的协调。

界面的边缘、交接边，不同材料的连接，它们的造型和构造处理，即所谓"收头"，是室内环境艺术设计中的难点之一。界面的边缘转角处通常以不同断面造型的线脚处理。光洁材料和新型材料大多不做传统材料的线脚处理，但也有界面之间的过渡和材料的"收头"问题。

室内界面由于线形的不同划分，花饰大小的尺度各异，色彩深浅的各样配置以及采用各类材质，都会给人们视觉上不同的感受。例如，德国魏玛会议中心墙界面采用了木材、玻璃、钢等材料，配合不同的线形划分、色彩处理、照明等手段，界面给人的感受亲切、安详、舒适。

(三) 室内家具与陈设设计

1. 室内家具设计

家具造型主要是由抽象概念的形态构成的，它和几何学一样，最基本的因素是点、线、面和体。[①]

家具设计包含造型样式的设计和工艺流程的设计两个方面，要满足使用、美观、安全、舒适等要求，而力求用料少，成本低，便于加工与维修。要达到这些要求，必须遵守以下原则：实用性、结构合理性、艺术性。

家具设计建立在工业化生产方式的基础上，综合功能、材料、经济和美学诸方面要求，以图纸形式来表示设想和意图。这样正确的思维方式、科学的程序和工作方法是非常重要的。家具设计的步骤包括以下几个过程：绘制设计草图—绘制三视图—模型制作—实物制作。

另外，在家具布置过程中，要遵循空间美的原则，通常有对称与非对称、集中与分散四种方式。

（1）对称式布置。显得庄重、严肃、稳定而肃穆，适合于隆重、正规的场合。

（2）非对称式布置。显得活泼、自由、流动而活跃，适合于轻松、非正规的场合。

（3）集中式布置。常适用于功能比较单一、家具种类不多、房间面积较小的场合，组成单一的家具组。

（4）分散式布置。常适用于功能多样、家具品类较多、房间面积较大的场合，组成若干家具组团。

2. 室内陈设设计

室内陈设是指室内空间中各种物品的陈列与摆设。陈设品的范围非常广泛，内容极其丰富，形式也多种多样，不论时代如何变化发展，陈设始终以表达一定的思想内涵和精神文化为着眼点，并起着其他物质功能无法替代的作用。[②] 它对室内空间形象的塑造、气氛的表达、环境的渲染起着锦上添花、画龙点睛的作用，是完整的室内空间必不可少的内容。陈设品的设置，必须和室内其他物件相互协调、配合，不能孤立存在。

室内陈设一般分为功能性陈设和装饰性陈设。功能性陈设又称"实用性陈设"，是指不仅具有一定的实用价值，而且具有一定的观赏价值或装饰作用

① 水源，甘露．环境艺术设计基础与表现研究［M］．北京：北京工业大学出版社，2019：142.
② 罗媛媛．环境艺术设计创新实践研究［M］．北京：现代出版社，2019：76.

的实用品，主要包括家具、家电、织物和其他日用品。装饰性陈设又称"观赏性陈设"，是指本身没有实用价值而纯粹用来观赏的装饰品，主要包括艺术品、工艺品、纪念品、收藏品和观赏性植物等。[①]

（1）织物的选用与布置

室内织物的选用主要是从材料、样式、色彩、图案等几方面来考虑的，在选用过程中应首先与室内设计风格相协调，其次根据设计风格选择不同的面料、色彩、图案，并且与相应的陈设品风格一致，同时也应考虑材料的实用性和物理属性，如阻燃特性、保暖性等。

地毯质地柔软，富有弹性，触觉良好，能保暖并且吸音，是重要的铺地织物。地毯的铺设，应根据室内空间要求进行设计，它能够起到烘托室内气氛集聚室内陈设的作用。在选用时应考虑材料、色彩、图案等因素。从材料方面考虑，羊毛地毯弹性好，柔软感强，适宜卧室或局部小面积铺设；化纤地毯弹性差，较粗糙，光泽差，但耐腐蚀，易清洗，价格低，适宜客厅和走廊铺设，或者大面积满铺。从色彩方面考虑，有浅色调、中色调、深色调三种。不同的色调选择，依据室内的整体色调，要符合人们的审美习惯。图案的选择应以空间大小及色彩的深浅、房间的装饰气氛为依据。

（2）日用器皿的摆设

日用器皿主要包括茶具、餐具、酒具等。在陈列摆放时应注意器皿的质感（陶瓷、玻璃、金属）、色彩、样式与室内设计主题相一致，营造出一个协调的氛围。陈列摆放的种类不宜过多，要考虑主从的层次关系，不要堆放出凌乱的感觉。例如，日本名古屋某博物馆花道展示，展品摆放优美。

（3）装饰性陈设

装饰性陈设主要起到点缀、美化空间环境，陶冶人们情操的作用。

悬挂艺术品：主要作用是充实墙面，均衡室内空间的构图。悬挂艺术品主要包括绘画、书法、壁饰等。

雕塑和工艺品：雕塑的摆放首要考虑的是光线，有了充足的光线，雕塑的各个角度才能够使人一目了然，达到充分的装饰效果。工艺品多是纯装饰品，造型精美，有很强的点缀作用，适当的陈列摆放可起到画龙点睛的作用。摆放时要考虑到位置、光照、背衬以及质感，可将其陈列在博古架上、玻璃柜内及特制的玻璃罩内。

（4）室内陈设品的布置原则

①陈设品的选择与布置要与整体环境协调一致，选择陈设品要从材质、色

---

① 傅方煜. 环境艺术设计与审美特征［M］. 长春：吉林出版集团股份有限公司，2019：160.

彩、造型等多方面考虑，并与室内空间的形式、家具的样式相统一，为营造室内主题氛围而服务。

②陈设品的大小要与室内空间尺度及家具尺度形成良好的比例关系，陈设品的大小应以空间尺度和家具尺度为依据而确定，不宜过大，也不宜太小，最终要达到视觉上的均衡。

③陈设品的陈列布置要主次得当，增加室内空间的层次感。陈设品中要分出主要陈设及次要陈设，使主要陈设与其他构成室内环境的因素在空间中形成视觉中心，而次要陈设品处于辅助地位，这样可以避免空间效果杂乱无章，同时加强空间的层次感。

④陈设品的摆放要注重陈列效果，要符合人们的欣赏习惯。实用性陈设品直接影响到人们的日常生活，这就要求在总体布置上做到取用方便，并与室内环境相协调，营造出室内空间的形式美。

（四）室内环境的绿化设计

1. 植物在室内设计中的作用

室内绿化是室内环境艺术设计的一部分，布置绿色植物不单是为了装饰，而且是将其作为提高环境质量、满足人们心理需求不可缺少的因素。[①] 绿色植物的主要作用有以下几个方面：

第一，调节气候，净化空气。室内绿化的有效布置，可通过植物本身的生态特性，起到调节气候、净化空气、减少噪声的作用。

第二，组织设计空间。利用室内绿化可以分隔空间，从而更好地实现其空间功能；还可利用绿化具有观赏性的特点，吸引人们的注意力，巧妙、含蓄地对空间起到提示与指向的作用；利用绿化还可使人的心理得到平衡，使自然融入空间环境中。

第三，美化环境，陶冶情操。植物自身就具有优美的造型、丰富的色彩、不同的质感等，它所显示出的蓬勃向上、充满生机的力量，可促使人们热爱自然、热爱生活。

2. 室内植物的选择

室内植物的选择应首先考虑室内的光照条件、房间的温湿度、成活概率等因素。其次，应当选择造型优美，装饰性、观赏性强，观赏特征明确的植物。第三，要根据室内不同的位置，配置喜阳或喜阴，以及不同观赏特征的植物。第四，选择植物还应考虑人们的传统喜好，避免植物的高耗氧性及毒性。

---

① 罗媛媛. 环境艺术设计创新实践研究 ［M］. 北京：现代出版社，2019：116.

3. 室内植物的配置

室内植物的配置应考虑尺度大小、装饰特征、构图原则。植株大小的选择要以空间大小为依据，不宜太大或太小。植物的形态、色彩、质地等都应具有独特之处，并应以室内的装饰风格为选择依据，摆放过程中要突出主题，符合形式美原则。

室内绿化的布置方式有很多种，不同考虑角度，可有不同的布置方式，主要的考虑角度有绿化本身的特征和室内环境特征。布置过程中应考虑室内环境的整体风格，要主次得当，协调统一。①

（1）根据绿化的种植特征进行布置。从植株的角度分有独植、对植和群植三种方式。独植是室内绿化采用较多、较为灵活的形式，它适宜室内近距离观赏，能够使观者很好地欣赏到植物的形态、色彩。对植是指对称呼应的布置方式，可体现出均衡稳定的特征。群植主要指同种花木组合群植或多种花木混合群植，可配以山石水景。② 通过群植布置可增加室内环境的自然美。

（2）根据绿化自身的生长特征进行布置。绿化从欣赏角度可分为观花、观叶两种。

（3）根据室内环境的特征进行布置。根据具体的室内环境特征进行布置，可结合家具、陈设进行布置或沿窗布置等。这类布置要注意绿化与结合物的关系相得益彰，组成有机的整体，并且布置方式应因势利导，使欣赏者在不经意中感受到美。

（4）根据绿化所塑造的形式进行布置。有点式布置、线式布置片状布置、立体布置。

点式布置：指独立或集中式布置植物的方式。作为室内环境的景点，这种布置方式具有增加室内层次感，以及点缀空间的作用。③ 在植物的选择上，要注意其形态、色彩、质地、植株大小，使其在构图上与周围环境相协调，并使点式布置的植株绿化清晰而突出。

线式布置：指绿化布置呈线状排列的布置方式，可以是直线，也可以是曲线。线式布置的主要作用是组织室内空间，并且对空间有提示和指向作用。④

片状布置：指植物在室内连接成片的布置方式，给人以大面积的整体

---

① 吴昊. 环境艺术设计 [M]. 长沙：湖南美术出版社，2005：103.

② 李砚祖，李瑞君，张石红. 空间的灵性——环境艺术设计 [M]. 北京：中国人民大学出版社，2017：101.

③ 唐铭崧. 环境艺术设计方法及实践应用研究 [M]. 北京：中国原子能出版社，2019：73.

④ 陈飞虎. 环境艺术设计概论 [M]. 长沙：湖南美术出版社，2004：42.

效果。①

立体布置：指将绿化植物在空间的三个方向上进行布置，成为具有立体形状的绿色形体。② 它可以成为室内景园。这种布置结合山石、水景等，可创造出一种接近大自然的形态。

二、室内环境艺术设计方法

（一）以"复制"为代表的设计方法

瓦尔特·本雅明（Walter Bendix Schoenflies Benjamin）在《机械复制时代的艺术》中认为③，原则上任何艺术品都能被复制，人类制造的艺术品总可以被复制，古希腊人很早就掌握了铸造和制模的复制技术。中世纪发展起来的雕刻和蚀刻技术，将文字与图像作为复制对象改变了西方知识的传播途径。平版印刷术则暗合了现代新闻报纸产生的必然。照相机、摄影机的出现将日常生活作为复制对象，不仅完成了空间的视像复制，也完成了时间的格律复制。但"即使最完美的复制，也必然缺乏一个基本元素：时间性和空间性，即它在问世地点的独一无二性，这一艺术作品的特殊存在，决定了它有自身的历史，是穿越时间的存在物。"④ 也就是"艺术品光晕"存在的本质。现代社会发展起来的"万物皆平等的意识"以及照相术、摄影术等机械复制技术的发展，使得艺术品逐渐脱离空间与时间的限制，变成可不断复制的图片、影像等媒介信息，并独立于原作的"艺术品光晕"存在。面对从古典时代就发展起来的机械复制逻辑，现代机械复制技术在接受了光、电等能量介入后，加速了复制品与原作中"艺术品光晕"的接近，也由此，艺术品与大众之间的距离通过现代技术的发展变得越来越近，不过这种近距离的接触，却是由机械技术压缩空间、时间、以及"艺术品光晕"获得的平行感知。技术促成的媒介变化，一方面促使艺术品"原真性的光晕"正日渐衰退为一个可接近或近似的概念符号，另一方面也在改变人类古老的"眼见为实"认知方式。

不过，随着现代机械复制时代的来临，原作与复制品之间除了"原真性光晕"丧失的遗憾，机械复制带来了更多社会意义的进步，现代复杂的机械复制处理工序可以保证作品本身独立于原作，而将原作的意义延伸到一些原本

① 孙皓，刘东文．室内环境艺术设计指导［M］．沈阳：辽宁科学技术出版社，2009：62.
② 陈飞虎．环境艺术设计概论［M］．长沙：湖南美术出版社，2004：86.
③ ［德］本雅明．《机械复制时代的艺术作品》导读［M］．天津：天津人民出版社，2010：67.
④ 曹瑞林．环境艺术设计［M］．开封：河南大学出版社，2005：67.

没有的区域，比如满足装饰格调的生成、消费欲望的实现、奢侈环境的体验等等。所以，本雅明对机械复制令艺术品原真性光晕褪去的担忧，今天已经不再为大众所关注。如果不考虑文化进化论的界定，那么这种对"原真性"的矜持，也可视为大众艺术和机械复制艺术尚未崛起时代，人类对真实和创造力的最后尊崇。理论上对一件已有艺术品的复制，很难真正表达出原作原有的"艺术光晕"。不过，传统手工技艺生产的模式已不能满足现代社会机械生产的欲望，现代技术追求的功能、 实用 以及使用的舒适便利调和了对艺术品的完美追求。同时，从机械复制的产品功能和使用价值的角度，复制的意义也不仅是材料意义的简单制造。如果复制的仅只是材料，那么形式上很难在变换中传递设计师的情感创造，以机械技术复制转化艺术形式的意义，将会因为不同的表现手法而产生新的意义。也就是说，设计师对形式和材料的把握已经与社会需求精密的联系起来，如果复制的价值能够表达出这种意义，那么这种复制就是有价值的。水泥、钢材等原材料属性早已失去了自身物质的"原真性"，它们不断被煅烧、炼制、塑造成为迥异于原初形态的新物体，却从没有人对它们远逝的"原真性"和"艺术的光晕"有所异议，这表明艺术观念从属于人的认知观念——对于人所创造具有生存或审美意义的人造物就有价值 。 而设计行为就是把人的这种生存和审美意识赋予到创造的人工事物中。因此， 现代机械复制艺术的第一要义是让"事物说话"。

20 世纪 80 年代后期，现代主义建筑思想随着中国改革开放及现代化建设的深入拓展，现代建筑的空间观念对环境艺术设计发展产生了巨大的影响，人民生活水平的提高也体现在对生活居室环境质量提高的需求上，设计市场的繁荣兴旺为设计师提供了实践自身价值的机会，也带来这个行业的兴旺发展。如果没有现代建筑的抽象表现与符号表达方式，中国的室内设计表现将依然停留于装饰意义的层面上。尽管现代建筑的室内空间经过集结的方式被重复的叠合在一起，以满足空间利用的最大化，但它们针对不同室内空间的功能性、领域性的不同界定，形成了不同的空间形态。室内空间设计所体现出材料审美的表现意义、空间意义，可透过平面结构的表达渗透到材料秩序中，以复制完成原型表征的形式拓展。对于现代人多元复杂的日常生活而言，设计的价值已经脱离了材料的固有属性，达到了人的审美共振，同时也超越了欣赏和咀嚼的意味。用户借助信息媒介积累了大量的流行审美标准，而设计师也以图片参照的方式，复制已有的审美素养以表达个人价值观，参照图片也成为影响设计师设计水准的重要设计标准。因此，当代室内环境艺术设计的典型设计方法——"复制"设计，已经不再是单一的形式表达手段，它更多的融化了设计师的人类情感价值观体验。

现代设计发展起来的通用空间法则，意味着可通过复制的方式到达希望的空间形态，通用空间将符号的感知融到空间形态生成中，表现出一种生活品质和生活方式的标准化追求，而家具陈设也成为空间一体的设计元素。同时，当代传媒技术的发展促成了视觉替代语言成为人类最重要的沟通方式，视觉也替代大脑成为最重要的思维器官。尤其当代数字晶体发展出的微电技术，加速了计算机技术的小型化、智能化趋向，面对当代信息文化的核爆式浪涌，太多、太大的信息面前人类的大脑就像一台老式的电子收音机，只能成为古董的装饰摆设品或无线广播的传声筒。数字技术的普及促使知识成为电子信息的海洋，可视化从具象转变为抽象，从分子渗透到原子，从地球到几千光年的宇宙，人类的好奇心几乎想把一切所知都展现在眼前。尽管与今天无处不在的平板电视促成新的"视域"世界不同，20世纪80年代后期，中国传媒业的发展引导了大众读图时代的来临，杂志、电视成为改革开放初期主要的图像传播媒介，这些媒介的传播对"复制"设计方法起到了极大的推动作用，对空间的复制意味着空间的各种要素对象，需要通过相宜的比例尺度、材料肌理、色彩搭配等进行对应的安排。① 不过，当时大多数设计师所能接触到的空间概念，基本以图片感知的方式获取，这种以感知为依托的复制方式，所能达到的标准决定了它在实践中的模糊性，材料、成本、工期等环境因素限制了审美的表现不能以数量描述，如同自然界没有完全相同的两枝迎春花一样。因此，定性复制空间要素的描述成为当代室内环境艺术设计的典型设计方法。

（二）以"拼贴"为代表的设计方法

拼贴作为艺术表现方式普遍存在于人类历史的各个阶段，如中国民间古老的"剪纸"艺术就将各种看似不相关的事物结合起来，通过事件或主题寓意的手法，以剪、刻等程序在纸上形成阴阳图案，粘贴于门、窗、柜等表面，居室环境经过图式表现的介入呈现室内环境吉祥喜悦的欢乐情感，体现出东方民族朴素欢快的文化特性。古波斯和古罗马的马赛克装饰壁画，也是西方文化中典型运用拼贴技艺的艺术形式，无论在浴室还是教堂都可以发现陶瓷片拼贴的各种图案，对空间环境起到了很好的烘托装饰效果，同样也体现出西方文化崇尚华丽明快的装饰表现传统。现代以来，将迥然不同的人工物以各种手段拼合在一起的艺术表现形式，成为一种普遍的获得全新感知的设计方法。

拼贴的方法作为将实体引入或隔离于肌理的有效方法，也是解决今天建筑设计和城市设计单一局面的最好方式，可以满足人们对城市空间多元化的需

① 李砚祖.环境艺术设计的新视界 [M].北京：中国人民大学出版社，2002：70.

求，拼贴式的城市空间因此也比单一现代建筑的城市空间显得更有意义。

另外，拼贴还可以将不同创意融合在一起，灵活的应对各种不同的矛盾，以多重意义的表现，满足不同的审美需求，运用拼贴的设计方法成为解决复杂矛盾问题的较好对策。

中国现代建筑的发展随时间而表现出不同的可识别性，从 20 世纪 50 年代到 70 年代出现的风格，多以功能实用为主，简洁朴素少有装饰。20 世纪 80 年代以后，随着国外建筑设计师的涌入，欧陆风格开始盛行，城市建筑开始表现出杂混西方装饰样式和色彩表现的立面拼贴，与原有城市环境的历史文脉和场所精神不断冲突矛盾，如何运用好拼贴手法，在不破坏原有城市肌理基础上延续城市历史文脉记忆是城市建筑设计的重要部分。现代城市空间发展变化的形式是拼贴主导的秩序形态整合，拼贴展现的潜力可以将相互矛盾冲突的空间形式转化为新形态生成的动力来源，"通过形态的融合把一个理解的世界，从一个场所移到另一个场所。"① 如同自然环境的多样空间形态，拼贴形态的秩序组合则是环境渐进的自然成长方式，从而把不同历史时期的形态样式集合在同一场景呈现，将历史的碎片拼贴在一起，"反映场所中的人性意义及基地的历史函构"。② 拼贴作为设计方法可视为场所保存传统与延续现代相互融合的有效对策。因此，"拼贴" 设计作为室内环境艺术设计的典型塑造手法，可以满足人们对居室环境的不同功能需求或不同时期的审美观念表述，并且以"拼贴" 的方式，可以真正在适合经济、审美、功能等因素相互冲突的矛盾中，寻找到较好的平衡，实现 "既……又……" 的多重满足，如视觉的、触感的、使用的以及意会的等等实体生活的愉悦畅快，而不是 "非黑即白" 的二元对立纠结。

第四节　室内环境艺术创意设计

一、室内环境艺术设计创意的多层次性

室内环境艺术设计是环境艺术设计的有机组成部分，创造的是建筑内部具体的时空关系。实际上，虽然建筑设计为室内环境的塑造创造了条件，但是也

---

① 黄春滨．室内环境艺术设计 ［M］．北京：中国电力出版社，2007：117.
② 屈德印．环境艺术设计基础 ［M］．北京：中国建筑工业出版社，2006：96.

相应对其发挥创意进行了限制。从人的情感心理方面来看，符合审美的设计，往往能够提升人的愉悦感，提升人的生活与工作效率。

在室内环境艺术设计中，空间的审美特征与环境氛围、造型形式、风格元素、象征含义等密切相关。这些要素，能直接或间接地影响人的情感心理、认识和感受空间的方式。无论是空间较大的室内环境，还是空间狭小的室内环境，空间场所中所拥有的视觉形式、灯光氛围、质感等物质与情感的因素，都势必对场所的使用者产生相应的影响。当然，这也是人对于室内环境的一种情感与心理方面的反馈。所以，设计师在对室内环境进行创意设计时，应当细致思考如何在室内环境满足其使用功能的前提下，同时能够满足使用者的审美需求。

现代室内环境艺术设计更重视与环境、生态、人文等方面的关系，室内环境艺术设计从技术角度包含四个主要内容：室内装修设计、室内陈设装饰设计、室内产品设计、室内物理环境设计，四者在不同层面上的交融与渗透，形成了一个以功能、体验为核心的室内环境空间设计的有机整体。室内环境艺术设计的创意，具体可以分为以下几个层次。

1. 构筑于空间场所使用功能的基础之上

室内环境艺术设计的创意，是构筑于空间场所使用功能的基础之上的。由此去营造人在场所中的视觉与空间的创意体验，同时它还需要兼顾对人的生理与心理层面需求的思考。室内环境的便利、舒适、安全、美观、经济等实用性功能的实现，是优良设计创意的基石，设计师针对不同空间的使用功能以及使用人群，需采用不同的材料装饰和设计方法。例如，在设计卫生间时，除了考虑到人的行为习惯外，还应使用防滑且易清洁的材料，针对较小空间的组合与分割设计，也需要考虑到日后的使用与维护等问题。而室内环境空间中的家具、照明等要素的设计，既需要做到造型上的美观，又要符合人机工程学的标准，起到引导人行为的目的。

2. 视觉设计的作用尤为重要

在室内环境艺术设计的创意中，视觉设计的作用尤为重要。考虑并利用人的视错觉等生理因素，尽可能通过良好的设计来弥补空间的不足。比如，在狭小的房间中多采用亮色，能够起到放大空间的效果。相反，在空旷的房间中多选择暗色调，能够在人心理上缩小空间的物理大小，使得空间大小适中。同时，室内环境的设计还要注意人的视觉疲劳性，避免在休息空间采用纯度过高、色相过于鲜艳的色彩搭配。

3. 充分肯定人的思维与个性

室内环境艺术设计的创意，还要充分肯定人的思维与个性，满足使用者更高层面的心理需求，包括视觉、触觉、听觉等感官需要。设计中的点、线、面与整体空间的关系，色彩的对比与协调，设计的整体风格色调，等等，都是创意设计的关键元素。

4. 能够给人以精神寄托

优秀的室内环境艺术设计的创意，在满足使用者的生理和心理需求之外，还能起到给使用者以精神寄托的作用。现代环境的改造，让人们有更多的娱乐生活作为补充。而室内环境艺术设计师的创意，是对使用者这种精神需求层面最好的"补充"。如巧妙、灵活的空间组合、富于新意的饰品装饰，以及民族精神文化元素的融入等，都能赋予室内环境以独特的情感和情趣。

二、室内环境空间的创意设计

室内环境的空间设计，具体是指在建成空间中根据功能需求对其进行空间关系、尺度、比例再规划和内部空间的细化设计。从功能需求与使用体验的角度，对内部空间的虚实关系、空间对比、空间节奏、形式语言等进行调节。①

空间是室内设计系统中最重要、最核心的要素，空间艺术形态通过新理念、新材料、新工艺概括体现出来。室内设计通过材质、灯光、色彩、造型元素等视觉手段，建立起一个使用者能够通过视、听、触、嗅等多感官进行体验的多维空间，是评价室内设计质量优劣成败的标准。

室内环境空间设计涵盖范围较广，如商业空间、办公空间、娱乐空间、家居空间，等等，不同的空间在使用功能上的差异性，决定了设计师在设计上的特殊性。因此，室内设计的指导思想，应该是最大限度地对室内空间的功能、审美和结构进行分析，以美学原理为参照，以各类材料与装饰物为基础，运用正确的手法，来表现不同的室内空间。

一个完整的室内环境空间，是由许多不同类别的小空间组合而成的。空间与空间的节奏与韵律，在其相互间的交叠、穿插、延续、断裂中被编写出来，犹如一首凝固的乐章，动人又带有逻辑思考的意味。

1. 封闭空间和开敞空间

在封闭空间和开敞空间这两大限定性较高的围护实体建构起来的空间，具有较强的空间围合性与隔离性。这种特点，表现在视觉的阻隔与停顿方面，也表现在听觉的声音穿透性传播方面。封闭空间的特点，是场所的区域感、隐私度还有安全度都较高，与周边环境的交流性和渗透性都不存在，其性格是拒绝性的、内向的。而开敞空间的开敞程度，主要取决于有无侧界面及其围合程

---

① 孙皓，刘东文. 室内环境艺术设计指导 [M]. 沈阳：辽宁科学技术出版社，2009：55.

度，开洞的大小及其启闭的控制能力，等等。开敞空间是外向性的，限定度和私密性都较低，强调与周围环境的交流、渗透，讲究对景与借景，注重与大自然或周围空间的融合与渗透，其性格是开朗的、活跃的，具有接纳性与包容性。在现代建筑环境设计中，对内部空间的开放性设计尤为强调。

2. 固定空间和可变空间

随着经济实力的不断攀升，中国房地产市场大量出现"集约、经济"的小户型住宅，尤其是在城市商业中心地带，这类住宅所占比重更大，也日益成为年轻人士选择的对象，它同样也给室内环境艺术设计带来了新课题——固定空间和可变空间的处理。

因为户型较小的居住空间，在面积相对紧凑的条件下，同样需要具备起居、会客、厨房、书房等功能。因此，如何合理地利用居室内每一块小空间，做到满足人们的生活需要，还要避免产生杂乱感，这就需要对居室空间中的固定空间和可变空间进行巧妙设计。

三、室内环境装饰的创意设计

符号形式是事物本质的外在表现，其外部的物质状态能够作用于人的感官，使人产生不同的情感体验。在室内环境中，室内的装饰设计，主要是对地面、顶棚、墙面三大实体界面，以及隔断、门窗等虚体界面的色彩、纹理图案和饰品等要素的设计，目的是创造出一个统一、协调的视觉空间与形式风格。

形态元素是室内环境艺术设计最基本的组成部分，也是体现、展示、传达设计师思想观念、价值观念的主要载体。形态的基本元素有点、线、面、体，它们具有符号与图形的特征，是因为它们自身所具有能够表达不同的性格与涵义的特点，可以通过元素的组合与变化以抽象的形态，赋予造型艺术的本质与内涵。

从审美的角度来看，使用者对于设计作品的美学评价建立于视觉形态的呈现上，即形式美感来源于设计师对于形态元素的营造。因此，设计师对形态元素的理解越深刻，把握越精准，运用越巧妙，就越能够激活他们在设计作品中的价值，就越能够创造出"有意味的形式"。[①]

1. 运用"点"元素的空间创意设计

设计师在对室内造型元素进行组织时，应重视元素的独有表现能力。以"点"元素为例，在空间中将"点"元素进行不同形式的组合排列，能够形成丰富多样的艺术造型，通过对空间的形式美感的控制，可以有效地营造出空间

---

① 张丹丹. 浅析环境艺术设计 [J]. 技术与市场，2015，22（8）.

的情与境。

2. 应用独特材质的空间创意设计

室内环境的创意，也体现在对构成空间的材质应用的独特性上。我们可以从材质的肌理、色彩、质感的组合，去营造出材质本身所没有的情感与情境。一些反射度高以及某些可以通过特殊工艺进行处理的材料，如金属、玻璃、纤维等，能够为使用者创造出超然的审美体验。较为常见的，有金属不锈钢、拉丝不锈钢等，局部使用这些材料，能够显现出轻盈、浪漫的视觉效果。

3. 融合迥异风格的空间创意设计

室内环境的创意设计，还存在于不同风格的融合与碰撞之中。在现代家居设计中，经常能够看到具有巴洛克风格意味的家居装饰。巴洛克风格的室内设计强调富有雕塑感，造型多源于自然。如树叶、贝壳、涡旋、花草等，都是常见的装饰题材。

室内环境装饰的创意，是对人情感体验的新创造。而人的情感与室内环境中的材料、形式、风格等之间有着密切的关系。在空间形态相同的室内环境中，材料本身是没有情感的，将不同的材料进行不同的组合，通过其色彩、肌理、质感的搭配，就可以给人带来截然不同的情感与情境的体验。对材料以不同的方式进行加工处理，以及对材料在不同装饰区域的运用设计，都能产生意想不到的惊喜。这就对设计师提出了更为严格的要求，它需要设计师在熟悉各类材料性质的前提下，研究其作用于人情感方面的差别，以能够促进合理的创造性运用，营造出理想的形式美感与丰富的情感体验情景。

四、室内环境艺术设计中创意思维的应用

（一）科学性结合艺术性

现代室内环境艺术的设计，既重视安全性、舒适性、合理性、便利性等，同时对设计艺术的美感的着重程度有更高的要求，这些正是科学性和艺术性的体现。近年来，随着社会的发展，越来越多的室内设计的创新设计以及风格更注重于合理应用现代科学技术，应采用新材料和新技术对声、光、热、科学的结合设置。

此外，这种科学还体现在设计风格和表现形式上，设计师应结合整体情况，通过科学的手段，明确室内环境的整体大局，使用计算机的图形显示效果，立体的展现视觉效果，精细化的表现室内设计的视觉冲击。

（二）采用不同的造型类别

室内环境一般可分为两种形式的装饰和结构造型，装饰造型强调装饰效果，能调动艺术氛围，加强艺术感。

在设计过程中，可以在天花板、墙面增加具有独特的元素，以及加入合适的家具，以协调整体的空间造型。这一结构形式的总体框架内为模型的元素，通过美化特殊结构的手段，如遮挡、分割或对结构的调整，实现综合利用结构的变化在整体结构的有效形式，不仅满足了实际需要，同时也展示了艺术之美。

（三）室内空间设计简约派设计风格的运用

在具有创意思维的室内设计中，简约派设计风格的表现手法，即通过对空间的充分利用，在装修材料和布局上，让居住者有一种方便使用、简洁明了的入住体验，具体来说有以下几个方面：

1. 空间运用

空间结构和分离是简约设计的最常用的技巧表达方式，它对整体配置和功能的需求，在结构方面进行了再分割，是室内环境有一定的流动感设计，让空间结构趋于简单的风格。在简明派的设计风格中，设计者更加看重的是对空间的运用，趋向于满足人们在室内的生活和生理需求，在对空间运用的过程中更多地侧重于家具与地面饰材的相互搭配，吊顶、陈列品等实物的意境表达，标明了对空间的简约概念，让人们既能够随心应手的使用房间，又具有一定的流动性和灵活性。

2. 色彩运用

色彩不仅具有一定的情感意义，而且也促进了室内设计的质量，减少了室内空洞的感觉，可以改变生活的内在舒适体验，如蓝色、黄色、红色分别代表舒适、温馨、热情。简约的装饰极大地注重颜色的使用，不同颜色的材料在不同地区、不同层次、不同的纹理能表达出不同的情感，满足人们对空间的要求。

色彩可以体现出人的多样性格，设计师应该注意对色彩的个性化上的应用，通过不同颜色的搭配，体现出个体差异的不同，彰显身份地位、生活环境氛围、文化背景和风俗习惯的个性。

3. 软装饰材料的应用

在进行室内环境艺术设计中，对软装饰材料的选择要坚持原则，确保装饰的效果得到体现。总的来说，对软装饰材料的应用应该包含以下几点：

（1）软装饰材料在室内装饰中，需确保原色的搭配次序，在确保室内设计整体效果突出的情况上，着重体现设计的主体表达，避免多个主体材料造成艺术设计的创意点得不到彰显，对主要材料与辅助材料的搭配要分清主次关系。

（2）协调性原则。软装饰材料选用的基础要结合室内其他事物的协调性，保证搭配的统一性。装饰的选择、色彩，都必须确保在学科适应装饰有机装置中，构建一个和谐、自然的视觉效果。

（3）联想原则。在室内装饰设计过程中，设计师要充分联想和想象，体现室内事物的多重意境，特别是在对软装饰材料的选择上，应更多地体现多种事物的联系性，提高入住者的更深层次的意境享受。

4. 室外自然色引入到室内环境的应用

室内环境艺术设计过程中，要注重与外界环境相融合、统一、协调，自然界中有很多元素是非常适合运用到室内环境塑造中的，例如草坪、花卉、石头等。设计师通过在室内运用自然色彩，达到点缀室内空间环境效果的作用，让人们可以在室内享受到自然色彩给人带来的舒适和安逸之感。

5. 设计照明灯的应用

在室内设计方面，照明的设计特别重要。光感能给人一种直观的视觉体验和丰富多彩的视觉效果，更进一步发挥室内环境艺术设计的作用，这点是选择家具、材料设计所不能达到的效果。每个人对光线喜爱程度各不相同，有的人喜欢充足的光线，有的人偏爱暖色系的光线，在室内环境里，光线能够在无障碍情况下自由的穿梭，将所有的呆板和空洞都带走，亲近大自然。在白天黑夜的交替下，光线进行相应的变化，在不同的角度观察，散发的光晕各不相同，极具符合环境设计的舒适感、美好感。在进行创意照明设计时，可适当地选择人工光源代替自然光，尽量少选用款式复杂、光色多变的花式吊灯，给人繁杂的体验。

五、室内环境艺术创意设计的发展趋势

（一）情感化

现代环境设计体现的是城市、现代人的生活理念，重在表现人的气质和性格，趋于简单、明了、多样、创新等，现代环境也更加讲究人性化和情感化。[①] 情感化的设计是人与产品在精神上交流与结合的产物，是一种人文精神的体现。

---

① 刘瑜. 试论创新思维在室内艺术设计中的运用［J］. 当代教育实践与教学研究（电子刊），2015（11）.

现代社会物质产品极其丰富，生活节奏日益加快，高新技术产品不断涌现，无助与冷漠是这个时代给人的最深刻感受。室内设计的情感化趋势，正是针对这样一种过度强调功能主义至上的冷漠态度，重新强调把设计的核心，从以物为中心回归到以人的体验为主的理念上来。

在满足功能需求的前提下，设计师势必会将更多的注意力，转移到人对空间的情感体验与需求满足方面去求得更大的发展，同时使人们在使用的过程中呈现自己独特的情趣和情调。在设计中表达人文思想，满足人的精神需求，也正是情感化设计的集中体现。

"情感化设计"具有温馨、亲切的特点，讲究产品与使用者之间的情感交流。"情感化设计"自20世纪70年代提出来以后，越来越多的设计师已将为人提供更好的生活方式视为己任。在设计日渐多元化的今天，在设计中注入更多的精神和文化内涵，在设计领域中更多地探讨设计的情感化和个性化语言，已成为室内环境艺术设计发展的趋势之一。

（二）个性化

现代工业大批量生产的特点，就是标准化与模数化。由于大众审美与成本的原因，现代产品无法根据个人的需求进行个性化定制。近年来，在以人为本以及追求个性的趋势下，出现了产品的个性化设计，这也是基于人的情感需求而显示的设计发展的新方向。

在室内环境艺术设计中，设计师可以通过设计，来反映当前社会中的物质与技术条件，以及现今大众的审美追求。当然，这也就要求设计师把握当前最新的室内设计风格，对新型材料及其技术了然于心，并能够很好地将其应用于设计之中，从而满足使用者对于个性与时尚的追求。

（三）民族化

具有民族文化内蕴的设计，是一国设计立足于设计界的根本之所在。对于现代设计而言，将民族文化与现代设计风格相融合，并形成新的民族设计风格，是延续民族化设计发展的需要。

基于现代室内环境艺术设计的发展趋势，东西方文化艺术的碰撞与融合，将更多地呈现在优秀的室内环境艺术设计作品之中，并与现代设计的理念和形式相结合，即观念上表现为传承与创新，形式上则表现为现代。

第六章　室外环境艺术设计解读

室外环境艺术设计是建立在自然环境设计系统之上的总体综合性系统概念，只具备对某一基础自然要素或空间单体的造型能力，而缺乏总体环境意识很难增强室外环境艺术设计的效果。本章即从室外环境艺术设计的基本内容入手，进一步对其做出详细解读。

第一节　室外环境艺术设计概述

一、室外环境的含义与特点

（一）室外环境的含义

室外环境空间是泛指由实体构件围合的室内空间之外的一切活动领地，如庭园、街道、广场、河岸、绿地、露天场地等。[①] 近些年来，随着建筑空间观念的日益深化，科学技术手段的不断提高，室内、室外空间的界限越来越模糊，出现了许多内外空间相互渗透的不定性空间，如建筑物的敞廊、中庭、露台、屋顶花园、有活动屋顶的大厅等，这些空间常常采用非封闭性的围合，兼有室内和室外的两种空间性质，而一些原本是室外空间的植物园、动物园、运动场等，由于采用了薄膜、悬索结构，也创造出了与自然环境相媲美的室内空间。

从环境空间的构成角度来说，室外环境空间是人与自然，人与社会直接接触并相互作用的空间，可以说室外环境空间幅员宽广，变化万千。在人们的日常生活中，阳光、绿化、水、气象、建筑、景观、人的活动、生活事件等都与

---

① 王锋. 室外环境设计［M］. 上海：上海交通大学出版社，2011：9.

人产生着直接的影响，而在这些要素中，有的目前还难以用人为的手段加以控制，要靠在环境艺术设计中扬长避短和因势利导。[①]

（二）室外环境的特点

1. 多样性

室外环境是由自然的与人文的、有机的与无机的、有形的与无形的各种复杂元素所构成的，这些元素中，虽有主次之分，但并非是某一单一元素在起作用，而是诸要素的复合作用。其中主要元素决定了环境的性质；次要元素则处于陪衬、烘托地位，增强或削弱环境的氛围，影响环境的质量。环境要素越多，设计构思时越需作综合的分析与比较。

2. 多维性

室外环境空间虽然也是人为限定的，但在界域上它是连续绵延、起伏转折、走向不定的连贯性空间，比室内空间更具广延性和无限性的特点。在时间上，室外环境空间在一年四季，一天中的早、中、晚，都会产生不同的变化。因此，外部空间所具有的多维性往往比室内反应的更强烈。

3. 综合性

环境艺术和其他造型艺术一样，有着自身的组织结构，表现着一定的肌理和质地，具有一定的形态，传达一定的情感信息，包含一定的社会、文化地域、民俗的含义。所以它兼具有自然属性和社会属性，是属于科学、哲学和艺术的综合。[②]

二、室外环境艺术设计的层面

从室外环境艺术设计的角度和从人对环境认知的角度来看，可以把室外环境艺术设计分解为三个层面，即形式层面、意象层面和意义层面。[③] 这三个层面是相互渗透、相互结合，共处于环境的整体之中的。但它们却以不同的层次进入人的认知世界，在室外环境艺术设计时应全面地考虑，而不偏于一方。

---

① 艾伊麟. 简析建筑室外环境设计的人性化策略［J］. 产业创新研究，2020（08）.
② 王守富，张莹. 室外环境设计［M］. 重庆：重庆大学出版社，2015：8.
③ 田云庆. 室外环境设计基础［M］. 上海：上海人民美术出版社，2007：7.

（一）形式层面

形式层面，即指人可以通过直觉体验到环境所具有的体态、形状、尺度、色彩、肌理、位置、方位和表情。形式层面比较直观，无须经过太多的理性思考。它可以直接地形成刺激与反应，虽然它所反应的是环境表面属性，但对深层认知却是一种必经的门户和先导。特别是在情绪的反应中有特殊的唤醒作用。

（二）意象层面

意象层面是形式层面所包容和涵纳的结构要素，它是通过空间的结构框架、功能使用和具有典型特征的建筑符号所表现出来的。它可以表述环境的性质用途、场所特征、与人的相关性以及视觉上的可识别性、可记忆性、可理解性等内容。意象层面，已经涉及内容与形式的统一、神形兼备等问题。"象"可以理解成形式，外形；"意"则是指反映、构思、建构。① 意象是指人们在头脑中所形成的外界反映。在心理学术语中，人们把意象看作过去的体验留存在大脑中的记忆贮存，一旦经过现实的刺激将立即在头脑中浮现出来的心理图像。从室外环境艺术设计的角度看，设计师要在日常生活中加强体验，注意意象积累，力争做到意在笔先，使自己的构思框架和创作冲动能以生活为源泉，赋予环境以生命的活力。

（三）意义层面

室外环境艺术设计的意义，是一种隐藏在形象结构中的内在文化含义，是一种非功利性的精神反应。它方面靠环境空间的创造者，在创作环境空间中将历史、文化、生活和具有象征性的人文要素注入其中，赋予环境以一定的社会属性，使环境空间含有一定的意义，并刺激和影响观赏者和使用者；另一方面则依靠观赏者和使用者根据自己的文化素养、审美意识对环境空间产生一定意义上的理解。作为意义，无论是对于创作者，还是观赏者，都是以一定的文化内涵为参照构架来加以理解和运用的。含义深邃的环境设计，可以使人产生深层次的情感沟通，使人获得永久性的印记和使环境空间具有经久不衰的艺术魅力。故对环境空间注入一定的文化内涵，可以获得更高的社会效益。②

---

① 田云庆. 室外环境设计基础［M］. 上海：上海人民美术出版社，2007：7.
② 王钰涵，李佳文. 文化内涵在城市环境设计中的渗透［J］. 门窗，2014（12）.

三、室外环境艺术设计的尺度范式

自 19 世纪以来，通过科学发现和技术发明人类不断从自然获取能量和资源，换来了社会的快速发展和经济的繁荣昌盛，不过这种无节制的掠夺方式超过了自然环境生态系统的承受极限，导致了诸多的环境问题和社会问题出现，严重影响了人类的可持续发展。因而，人类对环境的认知已不再是一种简单的对立关系，比如身体与精神的对立，天与地的对立，主观主义与个人主义的对立关系①。20 世纪 70 年代以来，人们逐渐认识到这种二元论的思维方式，并不能解决人类与自然在资源利用和环境保护之间的协调关系，对于人类向自然的索取，不应该是一种必然的人类中心主义，人类与自然之间应是一种主客体的共生关系。尤其进入 21 世纪，人口的增长和资源的短缺，迫使人类开始思考生存与发展的平衡问题。而且"从环境的角度而言，我们有着直接与世界的广阔感知体验，人类的经验是一种知觉系统，同样可把经验的联系扩展到体积和时间的把握上，是人文世界的客观体验"②。以及"一系列感官意识的混合、意蕴、地理位置、身体在场、个人时间及持续运动……对现存情景的集中感受和投入。"③ 阿尔多·罗西认为城市的意义和质量并不取决于城市的规模，城市建筑物与城市环境中各种设施、植被等不同尺度城市元素之间的时间连续性才是城市存在的意义和质量所在，而这种时间连续性正是不同尺度城市元素的黏合剂，它反映了一种时间的有机性，而非现代城市空间设计神话般的机械复制性。因而这种城市设计的观点包括了"场所的错位"与"尺度的消解"，直接否定了 20 世纪大多数城市设计观念。④

文艺复兴以比例系统为乐趣，在这个系统中，小件预示出整体形态而小中见大。按照比例规则，视觉元素控制着整个构图，设计者的职责在于地面、墙面和陈设设施的整合所形成符合功能和象征的城市空间，美化与装饰的运用在于突显出主要的结构性元素，有助于完成城市设计的视觉效果。从古希腊的毕达哥拉斯学派的黄金分割，到现代建筑设计中的比例与人体尺度相结合的模度体系，都是关于尺度整体控制的关系研究，设计的尺度直接决定了设计的合理性、功能性、审美性等整体设计的把握，也直接关乎材料物理性能和审美特征

---

① 杨平. 环境美学的谱系 [M]. 南京：南京出版社，2007：11.

② [美] 阿诺德·伯林特. 环境与艺术：环境美学的多维视角 [M]. 刘悦笛，等，译. 重庆：重庆出版集团，2007：11.

③ [美] 艾伦·卡尔松. 环境美学 [M]. 杨平，译. 南宁：广西师范大学出版社，2012：33.

④ [意] 阿尔多·罗西. 城市建筑学 [M]. 黄士均，译. 北京：中国建筑工业出版社，2006：11.

等合乎设计逻辑的内在体现。尺度由此借助物质抽象形式特征传递出某种信息，这种信息被接受感知就会产生共鸣，从而产生艺术美感的发生。因此，能够体现出产生感知共鸣的尺度设计就是艺术的感染力。艺术的进步是变迁中保持秩序，并在秩序中产生变迁。尺度取决于度量系统间的相互比较，城市设计是关注建筑物和城市空间与人体尺寸的联系，人就成为环境设计的基本模度标尺。城市与区域规划的大尺度、住宅小区规划的中等尺度、环境细部的小尺度之间的联系并不是先后规划的层次决策，在宏观层次上的举措如不能为公共空间创造、行为空间功能完善、设施空间合理等问题提供支撑，较小尺度的设计就成为空中楼阁。同时对所有层次而言，行为空间的小尺度环境设计，应成为各个层次设计的参考点，这是获得高质量城市和建筑空间设计的成功条件。

因此，室外环境艺术的设计尺度通常从属于人的感知力表现，空间形态指环境在某一时间内，由自然环境、历史、政治、经济、社会、科技、文化等因素，在相互影响下构成的空间特征。空间形态需要能够反映出环境机能的平衡、秩序等状态。任何物体都存在长、宽、高三个方向的独立，尺度问题就是这三个方向度量之间的比例关系推敲。比例关系的和谐与否是一切造型艺术的核心问题，从尺度的感知而言，有自然的尺度、超人的尺度、亲切的尺度等区分。自然的尺度通常是以人的自然感知为标准确立的认知关系，一般是人在日常行为中的环境尺度，如住宅、商铺、街道等。超人的尺度通常是将人习惯感知的尺度加以放大，使人产生压迫感的宏大环境尺度，如大教堂、纪念堂、宫殿等。亲切的尺度通常是把自然感知尺度的缩小，使人感到融洽惬意的环境尺度，如餐厅、酒吧、咖啡厅等。[①]

四、室外环境艺术设计的发展趋势

(一) 回归自然

人是"自然之子"，说明了人是大自然的一分子，也是自然界的组成部分。在生物系统中，人的生物钟、电波、新陈代谢、生命结构、细胞组织，与其他自然生态都有着相互联系、相互依存的有机平衡关系。其物质循环、食物链都是依靠自然生态平衡进行调节的。长期的人与自然的和谐，使人本能地希望与自然相联系，而长期生活在城市中的人们更是渴望能投入大自然的怀抱。现代城市中充满人造的硬质景观，这种人造环境疏远了人与自然的距离，缺少了过去那种与自然生态相和谐的清新环境。所以，在现代城市环境中如何通过

---

① 李砚祖. 环境艺术设计的新世界 [M]. 北京：中国人民大学出版社，2002：284.

融合自然、嵌入自然、美化自然，在城市空间中，引入自然、再现自然，使人们得以从有限的天地中，领路到无限的自然带给人们的自由、清新和愉快就显得特别可贵和重要。①

（二）回归历史

人类有从历史文化中直观自身的天性，尤其是中国人有落叶归根、尊祖、崇祖的民族习惯，注重文化上的继承性与文脉的延续性。"观今宜鉴古，无古不成今。"追根溯源，旨在加强民族的凝聚力；文脉相承，旨在弘扬精华奔向新的巅峰。现代科技越发展，越珍惜历史的文化价值，这也是现代人的心理反映。在人的意识世界里，对历史文化表现出三种心态。②

第一，历史文化是民族的精神支柱。人类的道德秩序、理想意志、自我存在的价值等都与民族的历史文化息息相关。第二，社会文化是在历史传承中得到改造与发展的，有其连续性，也就是说历史文化是现实社会文化的"根"，根深才能叶茂。然而，现实的社会文化并非历史文化的重演，它必定在新的结合点上达到新的综合、上升和发展。同样，现实的社会文化在经过历史反思中，也有许多不如历史上的辉煌。譬如，在许多现代都市中，人们对汽车改变了城市空间中人际交往的环境而深感忧虑，纷纷怀念中世纪的城市价值和人与城市的和谐，梦想着具有人情味的城市生活的复归。第三，人们基于互补和逆反心理的作用，对现实生活中大量存在的、已经享有的物质不以为然，而本着物以稀为贵的价值观念，热衷于追求"古董""古迹"作为心理的补偿和自我炫耀。这其中既有尊重历史文化的一面，也有心理上不平衡所导致的畸形。

（三）高情感的逸乐取向

现代化的城市生活，到处都是高效率、快节奏、充满竞争的工作环境，而经济上的逐渐富裕和业余时间的增多、拥挤的城市交通、人际关系的生疏与冷漠、家庭结构关系的松弛，造成了一种比较空虚的精神状态，这就需要用趣味性、娱乐性、自我参与性和高刺激性的环境来加以调节。如今，社会发展和物质生活的富有，导致人们已经从过去的以谋生为目标的社会行为，走上了以乐生为目的的新台阶，人们需要在精神生活方面追求一种健康、向上、愉悦、欣慰和富有人性的文化环境，这不仅是情感的需要，也是一种消除疲劳，提高创造活力，增强健康的窝要。因此，在进行室外环境艺术设计时要注意体现出环

---

① 向静仪．浅谈城市环境设计的发展趋势［J］．绿色环保建材，2017（04）.
② 田云庆．室外环境设计基础［M］．上海：上海人民美术出版社，2007：5.

境的个性化、自娱性、多元化、多方向的逸乐取向。

第二节　室外环境设计的基本步骤与方法

一、室外环境设计的基本步骤

（一）前期分析

1. 人文环境分析

人文环境分析主要考虑人们的物质需求、精神需求以及地域、社区文化背景诸方面。不同的社会群体对环境具有不同的需求，或健身，或娱乐，或消遣，或游览或学习，或工作，任何一个景观都会对某一项功能有所侧重。只有对环境景观的人文环境做出正确合理的分析，在立项时找准切入点，才能设计出既美观又富于社会意义的室外环境艺术。

2. 自然环境分析

自然环境分析包括地貌、气候、植被和周边环境的分析。自然环境的差异制约着室外环境艺术的结构布局及构筑方式。地貌指用地大小、形状以及地表状况，它极大地影响着环境设计整体布局、外观形式和艺术气氛。平坦开阔的用地气势恢宏，起伏台地显得错落多变，另外，不同的地势对通风、排水也有不同的要求。气候差异也影响着人们的生活习俗和文化传统，热带地区希望遮阴、通风；寒带地区则要求向阳、防风；雨水多的地方则应多置连廊和雨篷。南方人热爱夜间活动，北方人则多集中在白天，这些都是分析时需考虑周到的。气候更加决定了植被的选择，违反地域性的植被既不经济也难成活，缺乏现实意义。另外，周边环境也是不容忽视的因素，空间是围合型的还是开敞通透的，是否近山还是靠水以及与相邻建筑群的关系，都要详加分析，以便为做出最佳方案提供有力的技术支持。

3. 功能分析

功能分析是环境的实际社会功效性分析，即环境设计项目必须满足于一定的具体功能需求，通常包括实用功能、精神功能、保护功能及综合功能。[①] 各功能之间是相互联系的，但又随类型差异、社会背景以及所处地域的不同而略显区别。

（1）实用功能

满足人们购物、流通、休闲、公共集会及交流等方面的需要，并美化生活环境，这是室外环境艺术最主要的功能。

（2）精神功能

通过视觉的刺激和情感的激励，引导人们积极向上，受到特定意义上的教育，使人产生一种对自身所属文明的自豪感与认同感，这是室外环境艺术反过来作用于人的一个重要体现。

（3）保护功能

一方面可以保护生态环境，另一方面可以唤起人们对历史和文化的保护意识。这种功能强度取决于主题明确与否和环境设计及建造质量以及人们与环境的互动程度。

（二）规划与布局

室外环境设计，既包括自然环境也包括人文环境，并且具有相对稳定的形态特征，一般为较大型的市政工程，因而在研究它的规划和布局时，除考虑相关的经济、文化、系统设施等因素外，还要考虑视觉美学及功效性。

现代环境规划的发展方向越来越倾向于数理分析，面对大量的数据、图纸，建设者们实难形成一个具象的认识。室外环境设计的规划要求规划师对环境的每一项要素做出预见性的综合形象分析，合理做出实质性的规划而非数字及平面图纸。同时要考虑到路网的分布，空间结构是否合理，具体角度眺望的景色，环境设施能否得到最大限度的利用等。设计规划工作的主要内容在于确定要素并处理它们的分布，并在它们之间建立起正确的关系。位置形状、色彩、质感、建造方式及可行性都是规划时应该详细考虑的内容。单元景观的布局可以采用多种方式，集中式的显得紧凑，线式以轴线式为主，对称而有秩序格栅式布局则体现出严谨的结构方式，具体要根据环境设计的主要功能做出合理的布局。

---

① 王锋. 室外环境设计 [M]. 上海：上海交通大学出版社，2011：9.

（三）形成设计方案

室外环境设计方案是一种特殊的艺术形式，因而必将通过特定的艺术语言表达出来，这包括形体、色彩、材质以及表现风格等。

1. 形体

指物体本身所具备的基本外轮廓和体量，是展示自身特征的基本形式，通常指向数量、大小、位置、组合方式等。

2. 色彩

它是环境设计中最具表现力，也是最富于感染力的因素，色彩的变化使人产生共鸣与联想。色彩具有情感，能起到较强的烘托和渲染气氛的作用，色彩既包括环境造景因素用材自身的色彩，也包括外来色彩如自然光以及人工光的照射。在色彩的选择上与环境的精神功能也较紧密地联系在一起，如娱乐性景观色彩鲜亮活泼、变化丰富，纪念性广场色彩庄重统一，休闲性庭院则色彩淡雅、宁静而和谐。

3. 材质

材质的选择主要是考虑其使用功能。人车流量大的地方，道路用材宜坚实耐磨，最好以沥青石材为主，休闲性的区域用材要自然质朴，可选用木材及天然石子或鹅卵石。纪念性的环境则选材宜高贵庄重，大理石、汉白玉及金属均可选用。另外，因材质的巧妙搭配产生不同的质感，也会取得较好的艺术效果。例如，哈佛大学公寓楼的入口，设计师匠心独运，巧妙地以叶为墙，利用爬山虎等藤蔓植物美化建筑物，并与木质门廊、砖石墙壁及栏杆盆花相呼应，质感的粗细、软硬，色调的明暗、冷暖对比调和均达到浑然天成的效果。如此自然质朴而妙趣横生的设计与构思，耐人寻味。

4. 表现风格

室外环境设计采用不同的色彩及材质元素就自然会要求不同类型的风格，古典的、现代的是历史风格的变化，宏伟雄壮的与精美细致的则是艺术风格的区别，活泼的与庄重的则是气氛情调的分野。总之，表现风格既是设计者的创意，也能从其他元素，如材料、色彩及布局上反映出来，风格要契合环境的功能，反映出环境艺术的美感，做到了风格与形式内容的有机结合与统一。

二、室外环境设计的方法

在设计方案中，环境艺术设计表现图是设计师构思过程中的草图、速写和表现最后方案的各类渲染图或效果图。通过它，设计师的构思才能得以认可，最终变为现实。甚至可以说，环境艺术设计表现技法的运用直接关系到最终设计作品的成败。在长期的发展过程中，环境艺术设计表现图已成为种具有独特艺术魅力和艺术表现形式的绘画种类。相对于纯粹的绘画门类，它具有实用性、工艺性、科学性客观性等特点。

由于表现媒介的不同，室外环境设计的方法大体可以分为：

线描表现法，即一种应用硬笔和软笔，采用线描来组织画面的表现方法。它的画面效果典雅，细节刻画和面的转折都精细准确。尽管没有色彩，但易于表现丰富的空间轮廓，使用十分方便，所以应用广泛，颇受设计人员的喜爱。

水彩表现法，水彩是以水为媒介调配胶质颜料，画在水彩纸上的一种色调透明滋润，色彩明快、变化丰富的画种。

水粉表现法，水粉具有很强的塑造力，技法不拘一格。由于水粉覆盖能力强，所以画面着色前不必像水彩画那样描详细的铅笔稿，只需简单勾勒即可。

喷绘表现法，喷绘是一种使用常规绘画媒介机械着色的方法，它是通过气泵压缩空气作用于喷枪均匀扩散颜料的作画方法。喷绘常用来表现水面、风景底色、光柱、天空等。

马克笔表现法，马克笔是近几年来新引进的绘画工具，其原意是"记号""标记"，具有着色简便、绘制速度快等特点，且画面效果具有强烈的现代感，是室外环境设计人员非常喜爱的绘图工具之一。

彩色铅笔表现法，它是尖头绘画，所以需要花费很长的时间，只能一笔笔地排开，类似于素描中"上调子"来表现明暗。其画面效果色层丰富，是一种方便易行的画法。

电脑效果图表现法，它是以电脑为设计工具，运用各种软件综合制作的表现图。它作为一种新的表现形式几乎占据了现在设计市场 90%的效果表达，其画面具有效果细腻、逼真的特点，是绘制室外环境设计效果图的理想工具。

第三节 室外环境设计的多元审美

一、室外环境设计多元审美的内涵解读

工业时代以来，人类所面临的问题已不仅只是技术文明对人类的异化，人类对自然生态环境的影响，造成了环境内生物的自适应力不断下降，也逐渐影响了自然和人类的自我调节能力。人类对待自然环境的态度从二元对立的主客体关系，逐渐转向二者和谐共生的价值观，曾经对自然环境的征服观念转向将

自然环境生态作为一种与人类并存的共生共荣关系认知，"试图通过承认人之外的生命体与自然物也具有与人同等的权利和价值，来阻止人对自然的破坏。"① 自 20 世纪 70 年代以后，人类逐渐认识到环境污染对自身健康和生存的严重威胁，直接引发了西方环境美学的兴起，人们开始尝试用人类伦理的态度对待自然环境，不再只把自然环境当作美化现代生活的美丽生存背景，也不再把自然环境当作维系人类生存取之不竭的仓库，以往人类就像仓库主人般随意支取仓库货物的做法，现在才发现自然环境资源就像是人类在宇宙中赖以生存的银行存款，人类只能以银行利息增殖的方式生存，尤其不可再生资源更像存款的本金，用一分就少一分。

对环境的审美具有无边界特点，当人们身处某一环境时，环境的内容会随着人们的移动而发生变化，这种随时间运动、随空间延伸的特性，反映了环境审美的"难以驾驭性及无序性"。因而，对环境的审美与人类以往的艺术审美存在很大的不同，一方面要把握人类审美感知艺术的宏观性，另一方面需要借助现代科技发明的电子工具，扩大感知领域，进入到更深层环境的微观内涵，整体的把握环境的审美本质。② 同时，环境可作为记忆线索建立在恰当的情境和脉络引发的感情、解释、行为以及措施的整套标识上，它可经过文化的熏陶理解并发生作用，在物质环境中形成信息编码，环境的位置、高度、领域的划定、尺度、外形、色彩等都可成为其中的表达手段。因而，当环境空间形式符合人的行为模式，环境艺术也可视为一种文化传播的行为模式组合，它所诱发的审美行为就成为某种场景的情感认知。

人与城市空间的主要关系，体现在必要活动、选择性活动、社会性活动的相互关系上。环境的形式美是由组成环境元素的物质材料自然属性与环境元素的形式表现共同呈现出的审美特性，如比例、对称、均衡、节奏等。环境的形式可分为实体和空间两大类，相比较于实体，空间的存在不仅只是视觉和触觉等感觉的作用，还需根据大脑的思考记忆模式形成形态。室外环境空间形态的变化更新过程在一定程度上反映着不同时空形态与地域特征的不同场所精神，除自然因素与人工实体形态而外，环境整体的形式特征还包括历史人文、历史沿革、地域属性等因素，民俗、精神、信仰、情感、审美等内涵。③ 室外空间环境所具有地域性特征的形式和肌理是经济、社会、文化、审美等多方面因素

① ［日］岩佐茂. 环境的思想与伦理 ［M］. 冯雷，李欣荣，尤维芬，译. 北京：中央编译出版社，2011：8.

② ［加］艾伦·卡尔松. 环境美学：自然、艺术与建筑的鉴赏 ［M］. 南宁：广西师范大学出版社，2012：5-6.

③ 成玉宁. 现代景观设计理论与方法 ［M］. 南京：东南大学出版社，2010：76-80.

共同作用的结果，室外环境也就具现出不同城市个性鲜明的文化特征。因此，人文景观、历史遗存等保护性设计主要针对三方面评价：空间形态与文化关联性、地域性特征的可识别性以及空间的文化内涵。由此，室外环境艺术设计不但满足了人的客观需求，也是对自然环境的尊崇，更是对人类生存方式的歌颂。

对于当代中国室外环境艺术设计，北京服装学院环艺系陈六汀教授列出了当前中国室外环境艺术设计中出现的三种类型怪象：（1）对室外环境艺术设计本体"人文关怀"不理解，导致了"非人性化景观""体制景观""商人景观"出现；（2）对"历史文脉"设计认识不足，导致了堆砌抄袭"欧美景观模式的泛滥"；（3）对"生态安全"理念的误读，使得设计师"将生态设计简单当作城市绿化，将城市中生机勃发的乡土植物当作'杂草'拔除，把舶来的却因水土环境不适而需消耗大量人力物力维护的草种当作'庄稼'"的"绿色陷阱""为了拓宽面积往往破坏原有的湿地，把水道和湖泊填平，作为城市开发地使用。随着城市建设的不断发展，为了形成一种生态假象，又重建很多所谓的水环境系统……根本不符合生态系统要求"的"生态设计假象"。①因而，这些"问题"也是室外环境艺术设计中直接造成市场对"中国建筑文化缺乏应有自信"的原因。

不同文化观下的室外环境设计具有不同个性的审美实践，中国传统园林与西方景观设计曾被认为是与绘画同源的裁剪，因地制宜的尺度设计，只是画境的不同表现。不同于西方伊甸园的布景式审美，中国园林曲径通幽的点睛，带来更多的是平淡从容的诗意栖居。文化观念与环境空间形态相互影响。行为活动均可分解为活动本身、活动的特定方式、附加的活动及活动的意义，这些部分可影响设计各个阶段的可接受性及评价，功能性的追求、审美意义的表现、形式逻辑的表达在设计中并不是不相容的关系。所以，环境形态美感对于环境设计的功能和意义是一种整体性的艺术表现。

二、环境美学视野下的城市开放空间设计

（一）人与环境和谐发展的城市环境美学观

现代城市环境带给人的体验是非常矛盾的，既有让人愉悦的一面，也有让人沮丧的一面。一边是迅捷的信息服务、完善的生活设施和丰富的娱乐世界，另一边却是单调的建筑群、拥挤的交通和各种机械发出的噪音。从政治或经济

---

① 陈六汀. 景观设计与美丽陷阱［J］. 美术观察，2005（2）.

的发展程度来看，现代城市的发展或许是成功的，这也是让人留恋城市生活的主要因素。但从人性化的角度来看，现代城市一味追求功能性忽略了人的感知和人在城市环境中的中心地位。在人们的意识里，通常会以下这些标准作为评价城市是否完善，比如公共安全是否有保障，交通设施是否完善，是否有强大的经济基础，政府职能部门是否高效可靠，是否有较高的就业率、广泛的教育机会以及多样化的生活娱乐设施等。忽略了"城市环境应该成为一个栖息地，居住在其中的人们生活得更富足、安康而非仅仅为了生存而拼搏"①。人性化的城市环境应当与它的居民是和谐一体的，生活在这样的环境中，人们不仅可以产生对环境的归属感，而且感到惬意和自在。

伯林特提出的城市生态系统模式，不再割裂地对待城市的政治、经济、文化等功能，而是把它看作按照人的尺度设计出的、能够让人感觉亲密而不是陌生、压抑和疏离的栖息地。② 与工业革命以来的机器城市只注重功能秩序的模式完全相反。城市中建筑物的大小和位置、广场和公园的设置、空间的组织和安排等，共同创造出人们生活的城市环境，决定了人们可能产生的行为方式和相互影响的模式。它们不仅是城市构成的物理因素，而且还连同城市的所有细节一起被人们通过身体感知，从而产生种种不同的感受。伯林特认为，一个真正成功的城市除了要满足以上标准外，最为重要的是它还应符合审美标准。审美愉悦是城市幸福体验中必不可少的核心要素。他指出："评价一个城市的个性与成功的关键标准是美学判断，将美学考虑纳入城市设计与规划之中就是让城市服务于那些与完满生活相关的价值与目标。"③ 伯林特还把城市的审美关切与真正的人本主义联系起来，认为审美对于创造宜居的人造环境具有非常重要的意义。一个城市是否成功，是否适宜居住，环境审美必定是其中最基本的要素之一。城市美学号召我们：在城市规划中加入美学思考，为城市建构一种体现社会文明的价值和目标。建立新的城市环境美学观，把这一理念纳入城市设计和规划中，才有可能真正建立人与环境的协调发展的城市环境。

（二）环境美学对城市开放空间设计的意义

环境美学作为一种参与的美学和生活的美学，就应该为生活环境所服务，立足于其应用实践，城市开放空间景观设计为环境美学走向生活环境提供了媒介，使环境美学的理论得到了充分的验证。环境美学为城市开放空间的发展提

---

① 程相占，阿诺德·伯林特. 从环境美学到城市美学［J］. 学术研究，2009（05）.
② 程相占，阿诺德·伯林特. 从环境美学到城市美学［J］. 学术研究，2009（05）.
③ 岳芬. 阿诺德·伯林特的环境美学观与中国传统生态思想［J］. 中州大学学报，2017，34（01）.

供了新的视角和思维方式，如果说概念是理论起始的前提，那么体系则是研究进行的基础。结合环境美学理论的重要观点，在分析总结关于城市开放空间的基础上，建构符合当代城市发展的环境美学研究体系，填补城市理论中美学的空缺。对环境美学的思考在某种程度上也是对城市空间未来发展方向的思考。着眼于对城市规划与设计理论发展脉络的整体把握，将对未来的思考建立在深厚的历史和现实的基础之上。由此，以美学的视野审视现代城市开放空间规划理论，对当代城市规划与设计发展有着积极的理论意义。

在环境美学的视角下，开放空间景观设计在建筑规划设计的过程中，对周围环境要素的整体考虑，包括自然要素和人工要素。使得建筑与自然环境相协调，让使用者更方便、舒适，提高其整体的艺术价值。

环境美学更多地关注开放空间设计工程对环境的影响。设计合理、具有艺术性的景观工程不仅不对环境造成破坏，反而美化了环境。在环境美学的视野下，环境美是自然景观、建筑景观和人文景观的统一。在城市开放空间景观设计中融入环境美学的理念，既有利于人们的生产生活，又可以满足人的审美需求，成功的景观设计作品应该是实现功能和审美的统一。

第四节　室外环境艺术设计的重要形态——景观环境艺术设计

一、景观环境艺术设计的相关概念

（一）景观

景观（Landscape），本义等同于"风景""景色"，从中派生出"陆上风景""风景画"等概念和定义。在欧洲，"景观"一词最早出现在希伯来文本的《圣经》旧约全书中，它被用来描写梭罗门皇城（耶路撒冷）的瑰丽景色。这时，"景观"的含义同汉语中的"风景""景致""景色"相一致，等同于英语中的"scenery"，都是视觉美学意义上的概念。15世纪，欧洲一些画家沉迷于自然美景，热衷并大量描绘了许多以自然景观为题材的绘画。16世纪，风景画成为独立的绘画类型，这段时间自然风景的描绘大多是作为肖像画的背景出现，但在整体构图上已占有非常重要的地位。17世纪，风景画得到了广泛的发展，至此景观（Landscape）成为专门的绘画术语，专指陆地风景画。

19 世纪，景观被引入地理学的概念当中，涵盖了地形地貌的内容。①

而我国从东晋开始，山水画（风景画）就已从人物画的背景中脱离出来，独立门户。风景（山水）很快就成为艺术家们的研究对象，丰富的山水美学理论堪称举世无双，因此也才有中国山水园林的日臻完美。景观的这种含义（作为风景的同义词）一直为文学艺术家们沿用至今。

（二）景观环境

景观环境体系的核心是人与环境的相互作用关系。美国景观设计之父欧姆斯特德于 1858 年创造了景观建筑（Landscape architecture）一词，并将景观的概念解释为：当人们对土地的自然地理与环境特征进行描绘或观赏时，土地就成为景观，景观会随土地特征和人类活动的影响而变化，是一个动态的、自然的和社会的系统反映。而景观环境，是指由各类自然景观资源和人文景观资源所组成的，具有观赏价值、文化价值或生态价值的空间体系。②

因为景观学科的词义来源是英文的"Landscape Architecture"，直译是"景观建筑学"，因此一部分学者认为景观设计是建筑学科的延伸，很多景观设计师也是建筑设计师，很多景观设计也是由建筑师完成的。而另一部分学者专家认为景观设计应是和雕塑、绘画、建筑在同一层次上的艺术学科门类。

"景观建筑学"究竟是门什么样的学科？景观建筑学自创立之初就是一个极为综合、面向户外环境建设的学科，是一个集艺术、科学、工程技术于一体的应用型专业。因其核心任务是人类户外生存环境的建设，故涉及的学科专业领域极为广泛综合，包括区域规划、城市规划、建筑学、林学、农学、地学、管理学、旅游、环境、资源、社会文化、心理等。园林绿化、城市公园、风景名胜区仅仅是现代景观建筑学工程实践的一个组成部分，而非全部。景观建筑学的工程核心虽然是规划设计，但所用的材料、考虑的问题，既不同于建筑学，也不同于城市规划，其关注的是建筑与城市内外"空""活""文"的那一部分。诚然，植树造林、城市绿化是该专业的·项重要工作，但从现代中国社会发展建设对该专业的实际需求来看，从国外已有的实践来看，该专业的工作已远远不止是"风景""园林"的规划设计，而是整个人类生存环境的规划设计。

景观建筑学与其姐妹专业建筑学、城市规划的关系就其相同性来看，它们的目标都是创造人类聚居环境，其核心都是将人与环境的关系处理落实在具有

---

① 王佩环．景观概念设计中的审美重构［M］．武汉：武汉大学出版社，2016：18.

② 孙青丽，李抒音．景观设计概论［M］．天津：南开大学出版社，2016：83.

空间分布和时间变化的人类聚居环境之中，所不同的是，建筑学侧重于聚居空间的塑造，重在人为空间设计；城市规划侧重于聚居场所的建设，重在以用地、道路交通为主的人为场所规划；景观建筑学侧重于聚居领域的开发整治，即土地、水、大气、动植物等景观资源与环境的综合利用和再创造，其专业基础是场地规划与设计。因此，以人类聚集的活动场所的规划设计为手段，寻求创造人类需求与客观环境的协调关系，这即是景观建筑师的终极目标。

（三）景观设计

景观设计一词自近现代以来非常流行，基本上已成为衡量城市规划建设水平的一个重要因素。简单地说，景观设计就是将各种景观依据其功能、特点和需求等合理地布置在人们生活的周围，使其能够满足人们物质和精神等方面的需求。如果从科学的、专业的角度来讲，景观设计是一门综合性的应用学科，即景观设计学是关于景观的分析、规划布局、设计、改造、管理、保护、恢复的科学和艺术。①

景观设计建立在广泛的自然科学和人文艺术学科的基础之上，包括景观规划和景观设计。景观规划是指在较大尺度的范围内，通过对自然和人文过程的认识，协调人与自然之间的关系的过程。② 换句话讲，就是为某些使用目的安排最合适的地方和某个特定的地方安排恰当的土地利用。而景观设计就是在这个特定的地方进行的具体设计，即探究人与自然的关系，以协调人地关系和可持续发展为根本目的进行的空间规划、设计、改造和管理。

二、景观环境艺术设计中的地形与地貌

地形与地貌是近义词，都泛指地球表面三度空间的起伏变化，即地表的外观。地形是外部空间中一个非常重要的因素，是所有设计要素赖以支撑的基础平面，它直接影响外部空间的美学特征、人的空间感，影响视野、排水、环境的小气候以及土地的功能结构。如何塑造地形，直接影响建筑物的外观和功能以及植物的选用和布置，也影响铺地、水体以及其他诸多因素。因此，地形在整个景观环境艺术设计过程中是首要考虑的因素之一。

每一种地形都具有一种最理想的用途，每一种用途都有一种最匹配的地形。一个国家或地区的地貌特征主要由占主导地位的地形所决定。

---

① 刘谯. 城市景观设计 [M]. 上海：上海人民美术出版社，2018：8.
② 刘佳. 景观设计要素图解及创意表现 [M]. 南昌：江西美术出版社，2016：2.

1. 平坦地形

平坦地形是所有地形中最简洁最稳定的地形。由于没有高度上的变化，因此与地球引力相平衡，使这种地形具有平和、静态的特征。人的视线可以一览无余地延伸很远，有助于达到构图的统一协调感。但是缺乏三维的空间感和私密性。凡尔赛宫苑在广阔而平坦的大地上伸展，整个设计的布局向四周多个方向发展，形成极为舒展的平地园林。

2. 凸地形、土丘

这类地形是一种正向实体，同时也是一个负向的、被填充的空间。与平坦地形相比较，这类地形在所有地形中最具力量。它还具有动态感和行进感，占有一定的垂直面，往往成为某一区域的地标或制高点，起着控制视线、引导视线的作用。此类地形具有明显的视线外向性和开阔的视野，在其他设计要素的布置中，每一个要素应与最适合的地形特征相呼应。

3. 山脊

山脊在总体上呈线状，是凸地形的"深化"的变体。与凸地形相似，山脊可以限定室外空间的边界。山脊具有导向性和动势感。从视觉的角度分析，瘠地具有摄取视线并沿其长度引导视线的能力，被用来转换视线在一系列空间中的位置，或将视线引向某一特殊焦点。从功能的角度分析，各种方式的运动都以平行于脊线或直接位于脊线最为便利。

4. 凹地形

凹地形被称作"碗状洼地"，是环境中的基础空间，我们的大多数活动都在其间进行。凹地形的空间制约程度取决于围坡度的陡峭程度、坡的高度以及空间的宽度。凹地形具有内向性和防止外界干扰的空间，通常给人一种分割感、封闭感和私密感。周围的坡地是良好的观众席，是理想的表演场地。由于地势比周围要低，所以比较潮湿，是天然的排水区，是创造湿地景观或水景的最佳地段。

三、景观环境艺术设计中的植被

(一) 植被的表现形式

在景观环境艺术设计中，植物景观主要表现为草坪、花坛、树池、绿篱、花架等形态。

1. 草坪

矮小的多年生草本植物密植形成草地，经过人工修剪成整齐的人工草地，称为草坪。常用的草本植物有地毯草、野牛草、黑麦草等。草坪一般设置在广场、建筑周围、林间空地等，形成水平绿化，充分表现地形美，供游人观赏、游憩。

2. 花坛

在一定形态的地面上或容器中栽植不同种类的观赏植物，按照特定的图案来组合搭配，并嵌合到建筑物入口、广场、道路或草坪等区域。花坛本身的形态有几何式、自由式和混合式。花坛可分为可动式和固定式，以适应景观环境的不同要求。可动式可以掰动、堆砌、拼贴，地形起伏处，还可以顺地势做成台阶跌落式。固定式多用于花坛和种植穴，一般有方形、圆形、正多边形，需要时还可拼合。

3. 树池

将树木尤其是年代久远的古树用树池围合保护起来并配置草木和花卉植物，即为树池。树池的作用主要就是保护树木不受破坏，还可以供人休憩。

4. 绿篱

绿篱用乔木或者灌木密植形成，主要起到划分空间、引导方向、用作背景来烘托艺术设施、用作屏障隔离景观区域等作用。绿篱按照高度可分为矮篱、中篱、高篱。

5. 花架

花架是园林绿地中以攀缘植物为顶的廊，为游人提供夏日遮阴的场所。花架具有廊的功能又比廊更接近自然，融合于环境之中，其布局灵活多样，形式有条形、圆形转角形、多边形弧形等。主要的攀缘植物有爬山虎、牵牛、紫藤、葡萄、常春藤等。

(二) 植被的布置与选配

1. 植被布置

（1）规则式。布置规则严整，植物多修剪成几何形且规则排列，形成规整的大面积平坦图案，充满理性美。规则式布置适用于平坦地形，多用在对称格局空间或城市广场景观中，整齐庄重、序列感强，也有刻板、僵硬之感。

（2）自然式。注重植物本身的特性和特点，追求自然之美和乡村野趣。自然式布置适用于不同的地形特征，植物可顺应地形自由布置，轻松、灵动、多样。需注意加强空间的结构秩序，避免布置凌乱。

（3）混合式。规则式和自然式的综合，既有人工的理性美，又不失自然生动之趣，以适应不同空间需求。需结合空间功能进行布置，以一种方式为主，另一种方式为辅。如公园绿地中自然式为主，规则式为辅；城市广场则相反。

2. 植物的选配

植物相互之间的配置要结合植物种类的选择，树丛的组合，平面和立面的构图，色彩、季相以及园林意境，植物与其他要素（如山石、水体、建筑、园路等）相互之间的配置。不同的园林植物具有不同的生态和形态特征。植物配置能反映出各个地区的植物风格。

四、景观环境艺术设计中的道路

（一）道路设计

一条道路的景观，首先要线路本身顺畅、协调、优美，平面、纵面、横断面匀称融洽，不能仅靠路外栽花种树或建筑小品的点缀。一条高质量的道路，除了功能性质完善，线形、结构物等各项指标均能达到有关规范与技术标准的要求外，各个组成要素之间要相互协调和谐。如何精心组织、统筹规划、综合布局、协调发展，使不同的路段形成不同的特点、不同氛围的道路景观，使人感到心情舒畅并产生不同的感受？

首先，线路与地形结合，要使道路线形与地形地貌相适应，并融合于大自然之中，成为当地风景的一个重要部分；其次，路线也要与沿线山丘、水体、森林等自然物协调和谐，充分利用山坡山峰、河流、湖泊、森林为道路景观增色，必要时还要适当种树、栽花增强线路的绿化与线形特征，美化环境。当然道路上各种附属物（如交通安全、服务设施、管理设施等）也要精心设计、细致安排，使其与道路周边协调，为景观增色。最后，道路同沿途的村庄、电站、停车站、加油站、商店、坝闸等建筑结构物的空间组合，特别是城市道路与两旁建筑物群和空间的组合设计，建筑的疏密、高低，街道的宽窄、断面形式，空间的大小、开合，线形的直曲或依山或临水等处理也尤为重要。

（二）路面铺装

路面是人们步行和车辆通行的区域，它是道路景观的基调。铺装材料与铺装形态对路面设计具有很重要的意义，在设计时应注意尺度感、质感、色彩、线与面的交织形态，要避免由此带来的不和谐另外，对于路面的设计在考虑视觉效果的同时，还要考虑行走功能方面的问题。

路面铺装不但能满足路面最基本的使用功能，而且还可以通过特殊的色彩、质感和构型加强路面的可辨识性，以划分不同性质的交通区间，对交通进行引导和警示，有效地限制车速，给人以方向感和方位感等，从而进一步提高城市道路交通的安全性能。① 铺装景观是改善街道空间环境最直接、最有效的手段。其强烈的视觉效果能满足人们对美感的心理需求，营造温馨宜人的气氛，吸引人们驻足进行各种公共活动，从而使街道空间成为城市人们喜爱的高质量的生活空间。道路铺装设计不仅在分隔组织空间等方面发挥着积极的作用，同时，随着如透水、透气性等道路铺装的发展，道路铺装也参与了改善景观小气候的工作。特别在地面植物的生长、吸收雨水、蓄养地下水流、减少热辐射、降低地表温度等方面，道路铺装作用的发挥显得尤为明显。

（三）道路照明

道路是景观构成的骨架，而且是人、车通行的空间，因此做好道路照明，对于美化景观环境和保证行人、车辆的安全是至关重要的。

道路照明光源和灯具的要求如下②：

选择道路照明的电光源应根据光源的效率、寿命、光色、显色性、配光及使用环境等因素比较而定，一般多选用钠灯和金属卤化物灯为多。

选择道路照明灯具时，必须能防水、防风霜、耐腐蚀，安装和维护方便，兼顾外形美观，还要根据路面要达到的亮度、均匀度、对眩光的要求等因素来选择。在功能满足的前提下，优先选择效率高、造型美观的灯具。

五、景观环境艺术设计中的水景

（一）水景的设计要点

（1）要注意水景的功能要求。

（2）美观的考虑。

（3）注重水景的可参与性及安全因素。

（4）水体尽量连通、循环。

（5）水景设计须和地面排水相结合。

（6）注意水景的冬季处理。

（7）考虑水景的夜间效果。

（8）注意不同水体形态之间以及水体和其他元素的结合使用，丰富环境的多样性。

---

① 郭媛媛，李娇，郭婷婷.环境设计基础［M］.合肥：合肥工业大学出版社，2016：40.
② 牟娜.城市道路照明设计［J］.照明工程学报，2012，23（04）.

（二）水景的造型手法

（1）面状造型：用开阔的大水面构成整个空间的主体基地，其他景致围绕其展开。这种形式主要适用于水资源丰富的地域，水景构成整个环境的主题。

（2）线型连通：主要用线性水型（如溪流）贯穿整个空间，把各要素联系起来增加景观整体性。

（三）水景的营造

水景的营造通常都不是孤立存在的，而是与其他造景元素相结合而存在的。

1. 水与山石的结合

中国传统园林中善用假山石点缀水环境。水与石相结合，刚柔并济、对比鲜明，易于突出主题，尤其在营造古典庭院景观中最为突出。而用块石或组石进行修饰点缀，也是现代水景设计中的常用手法。水景设计中可适当采用叠石堆山、石阶驳岸、水中汀步、水栈道等技巧增加水的韵味满足人的亲水性需要。

2. 水与桥的结合

桥与水相生相伴，不仅起到水陆间的纽带作用，还在古典园林中扮演重要角色，突出地表现在它与水的审美关系上在水流平缓的地区，潺潺浅溪配以石景或木桥能营造出"小桥流水人家"的意境，呈现宁静雅致的氛围，体现一种回归自然的生活。

3. 水与雕塑小品的结合

在欧洲城市景观中，水往往是和雕塑小品、石座等结合起来的，它们共同塑造一个完整的视觉形象。人们经常能够看到水从雕塑的各个部分流出来，创造奇异的绚丽效果。雕塑和喷泉结合为一体，布置在水体中央，还能形成视觉的焦点。有的雕塑小品分布在主景周围的水中或立于池岸，共同烘托主体。

4. 水与水生动植物的结合

不管是静态水景还是动态水景，都离不开花木来营造意境。我国园林自古以来主张在水边种植垂柳，产生柳叶轻抚水面的美景，同时在水边种植落羽松、池松、水杉及具有下垂效果的小叶榕等，起到线条构图的作用。此外，月探向水面的枝干，能起到增加水面层次和丰富水景野趣的作用。植物配置原则是露美遮丑，起到丰富景观、增加生气，使原有的石岸线条柔化多变的作用在宽阔的水面或带状水面岸边，种植莲、荷、芦苇等水生植物。春、秋时以荷、莲花为主景，荷塘边种植以柳、竹等特色植物，氛围较为安静、悠远。另外，在水中养殖有观赏价值的鱼类等水生动物，可以让水景区更加生动。

（四）水景照明

1. 喷泉照明

（1）喷泉照明的照度

喷泉照明是为了增强水花表面的亮度，喷泉周围环境的明亮度以及观看位置和距离都对观赏喷泉具有很大影响。如果喷泉周围的建筑物具有泛光照明，而喷泉背景较亮，要求喷泉照度较高才能使喷泉突出；如果喷泉周围的建筑物没有泛光照明，而喷泉背景较暗，喷泉照度不高就能使喷泉突出。

（2）光源选用

光源可采用 LED、白炽灯、汞灯、金属卤化物灯等，使用白炽灯较多，因为白炽灯容易控制和调光，但白炽灯热量较大，发光效率比较低。

（3）照明控制

根据喷泉景观要求，实施对喷泉控制一般有三种方式：①开关控制。此种控制方式适用于较小型的喷泉，不要求喷泉造型和灯光变化，只有开和关两种状态。这种控制方式最为简单，但很单调。②时控。这种控制方式形式较多。可以利用可编程序控制器按照预先设定的程序自动循环，按时变换各种灯光或控制潜水泵电机的开、停及电磁阀的接通和断开，使灯光和喷泉造型同步变化。③音控。音控彩灯喷泉是人们追求水、光、音乐较完美的一种控制方式。随着音乐的演奏或播放，灯光和喷泉造型按照音乐节奏闪动和跳跃，使人们获得视觉和听觉上美的享受。

2. 静水照明

在岸边布置投光灯具照射水面。灯具可布置在驳岸的侧壁上。利用倒影的效果将水面边上的景物照亮，使水面产生波光倒影的效果。在静水池内设置嵌入式灯具或者利用线灯勾勒静水面的驳岸轮廓。

3. 孔流照明

孔流照明是景观中比较特别的水景形式。孔流照明将灯具设置在水柱落水处，从下往上照。

4. 游泳池照明

游泳池采用池壁灯照明，也可以池边布置照明设施，比如光纤。

六、景观环境艺术设计实例——城市广场与公园

(一) 城市广场景观环境艺术设计

1. 城市广场的定位

现代意义上的广场是为普通人服务的，我们应该重新认识普通人应该如何在景观环境艺术设计和城市建设中得到关怀。强调普通人在日常生活环境中的活动，强调广场为人所服务的特征，这里的人是一个景中的人而不是一个旁观者。因此，广场或景观不仅仅是让人观赏、向人展示的，而是供人使用、成为其中的一部分。场所、景观一旦离开了人的使用便失去了意义，成为失落的场所。

2. 尊重用地的自然条件

自然条件是场所原有的风貌特征，景观环境艺术设计应尊重本地的自然条件，因地制宜，根据原有的地形地貌特征，尊重土地的原有形态的完整性和地域景观的真实性，形成自身与众不同的特色空间，还可以节约资金，用最经济实用最省力的方法达到预期的设计要求。

3. 空间形式的美学性

环境美学的空间形式美是在传统美学意义上深化，不仅仅是单纯的形式、比例、尺度和图案的设计，更强调一种空间的层次性和连续性。[①] 上升到人的层面上，不是仅作为观赏者的角度，而是一种参与的环境美学，将自身融入空间中，享受美的过程，满足人们休闲、游憩的心理。

4. 植物配置的生态性、文化性

充分利用原有地形，选择经济适用的物种进行配植，以本土物种为主，将植被的功能性与美学性相统一，根据不同广场空间的功能特点进行合理搭配；再者，还应体现生态性，利用不同物种间的生态关系，巧妙搭配，为广场营造一个空气清新、鸟语花香的绿色生态环境。可以适当加入体现地域性与文化性的特色植物，利用良好的植物配植形成城市广场乃至整个城市的标志性符号，如洛阳的牡丹、广州的木棉、郑州的月季、开封的菊花等等，这些植物的配植不仅体现了一个广场的地域性特征，同时记载了一个地区的历史延续，传播了一个城市的文化内涵。

---

① 程相占. 环境美学的理论思路及其关键词论析 [J]. 山东社会科学，2016 (09).

5. 广场基本要素景观设计

（1）公共艺术

公共艺术体现了城市广场的中心思想及文化底蕴，是城市广场的形象代表，其艺术感染力对于城市广场的塑造起到点睛之笔的作用。其设计的要点为：①应与广场的自然环境相结合，符合主体构建的内容，注意其近景、远景的把握，使其能在空间环境里充分凸现艺术效果。②应掌握公共艺术设施的尺度，首先是其本身的透视角度及尺度，再者是广场环境的尺度，应根据广场的大小、范围进行设计。③公共艺术设施在创造上必须适合观者360°的观赏视角，不能只注重局部或大本的刻画，应使观者远观和近看都有不同的视觉感受，避免审美疲劳。

（2）水景

城市广场水景设计是由人工或自然水体构成的广场景观形式，它伴随着城市的发展和人们审美意识的变化而产生，它不仅是一个城市在发展时期的美学思想体现，而且还是一个城市历史符号和识别标志的重要表达，是融汇一个城市公共空间精神的具体场所。广场水景的生成有赖于地方特色空间的构造，呼应了当地的地形、地貌和气候等自然条件，不能安置在一个空洞的环境当中，也绝不能无视广场周围大的空间氛围。

（3）铺装

广场铺装设计应根据不同性质、不同功能的广场类型分别进行设计。如集会型广场主要供市民集体活动，铺装设计应体现庄重、大方的特点。纪念性广场的铺装应确保铺装的风格与广场的主题相一致。交通型广场是城市中最繁忙的节点，可采用不同的地面铺装分割车流和疏导人流。除了不同的色彩、形式搭配产生的审美艺术效果，还应注意材质的运用，应首先以安全性为主，硬质铺装防止滑倒，考虑到大多数人使用情况的同时，还应照顾到特殊人群，如老人、儿童、残障人事等的需求，符合无障碍设计铺装规范要求。

（二）公园景观环境艺术设计

1. 公园的场所精神

公园的场所精神是注重并探寻人与环境有机共存的关系，以场所和人的行为为出发点去考虑问题。场所感是由场所和场合构成，在人的意象中，空间环境是场所，而时间就是场合，人必须融合到时间和空间意义中去，因此这种环境场所感必须在城市环境改造设计过程中得到重新认识与利用以人为本，满足人们迫切的需求。①

城市公园环境从出现的那一天起，就具有改变自然山水的属性，形成了它自身社会功能和价值。无论是早期的花园，还是现在的城市公园，都是为人服务，为社会提供优越的环境。以场所精神为依托的城市公园从功能上还是人文内涵上都是人们迫切需要的环境。传统封闭型的公园利用限定性的围墙从城市环境中分离开来，这种限定方式简单但并不能适应开放式城市公园的需求，不能让城市居民平等的享受、参与到公共绿色空间中来，也阻碍了城市开放空间的功能和景观的连续性。其规划建设应该是在生态、文化、游憩、景观等方面融入城市的整体环境。

2. 塑造多样化的功能空间

城市中高密度的建筑群使人越来越远离自然，人与人之间的关系越来越淡薄，城市公园作为社会公益事业，为人们提供了公共交往和休闲活动的场所。公园承担的功能主要是人们的各种休闲活动，各种各样的活动需要相应的空间形式来配合，根据人的行为需求来创造空间，满足人的活动需求，向人们提供缓解城市压力的调节方式。比如健身、跳舞、体育运动等需要相对开阔的场地；唱歌、唱戏等需要相对集中的小空间区域；情侣需要相对私密的安静空间；赏景的需要有良好视域的空间等。

3. 公园景观要素设计

（1）地形

公园中不同的地形为人们提供了不同的游乐、户外活动、休闲方式。公园的设计，讲求因地制宜，对原有的地形应尽量保留，可以通过适当的增加或减少微地形来强化空间效果，丰富空间形式，自然的环境有利于形成对周围有利的微生态系统。还能让公园更富有生命力和活力。

（2）交通

公园中的道路、场地及铺装对于公园景观的联系和营造有非常重要的作用，不仅可以引导交通，连接各个景观节点，还可以起到良好的视觉效果。丰富的园路形态可以与周围的建筑、景观、植被等相联系，形成路随景转、景因路活，景与路相得益彰的艺术效果。城市公园完全开放的同时，自身的交通系统也产生了新的要求，新的公园道路模式，一方面为了区别于市直线性道路景观，另一方面受到中国古典园林艺术的影响，采用闭合环绕的曲线方式，这种方式也有利于公园的功能分区。在进行公园的道路设计时，应充分考虑到人们的行为习惯，既能关注到道路设置的方便性，又要形成良好的景观效果。

---

① 孔维群. 现代城市公园景观设计理念与设计元素的探索 [J]. 安徽建筑，2016，23（05）.

（3）水景

水景的基本功能是供人观赏，因此它必须在形式上无论从仰视、平视、俯视或立于水中时，都能给人带来美感，使人赏心悦目。

水景也有戏水、娱乐与健身的功能。人本能的有亲水性，在外部空间设计中各种具有亲水、戏水功能的浮桥、亭台、旱喷泉、涉水小溪等，在较为安全的前提下，拉近了人与水之间的距离。水景还有对小气候的调节功能。小溪、人工湖、各种喷泉都有降尘净化空气及调节湿度的作用，尤其是它能明显增加环境中的负氧离子浓度，使人感到心情舒畅，具有一定的保健作用。

（4）植被

公园是植物树木比较集中的区域，自然环境相比城市较优越，同时由于水体和绿色植物的原因，公园能够形成一个更好的小型气候，更加适应植物的生长，在植物配置时应当认真调查周刭的环境情况尽量选择本土植物，同时还要注意乔木与灌木、落叶木与常绿木、快长树种与慢长树种的比例，以及草本植物和地被植物种类的搭配。以当地的乡土树种为主。本土植物更能彰显地方的特色，维护生态的多样性，更能适应环境，抗病虫害的能力更强，同时日常养护的费用还较低。还要注意中各种植物的生物学特性、习性适应不同的地形特点。

乔木、灌木、藤本、坦被相结合，组成有层次、有结构的人工植物群落，模拟自然植物群，这样不但丰富了园林中的绿化景观，增添了自然美感。公园中可进入、可亲近的草坪更受欢迎，可在草坪上晒太阳、聊天，最大限度地接近自然。这就要求在有些区域地被植物的选择上应尽量选择耐践踏、容易维护的物种。

（5）公共艺术小品

公共艺术小品是从艺术的角度出发，艺术与功能兼备的新形式的艺术小品。[①] 它不再仅限于与人息息相关，却脱离人的感受的冷冰冰的设施，而是引导人们参与到公共空间中，成为实现人与人交流、互动的重要元素。与周围环境共同创造和谐、具有人情味的公共艺术氛围。

公园中的公共艺术小品主要包括公共艺术设施、视觉导向系统、公共雕塑、小型壁画及室外装置艺术。在公共艺术的艺术表现基础上增添部分功能因素，让人们参与到艺术作品中来，以触摸、倚靠等方式亲身感受公共艺术魅力，通过不同的角度欣赏公共艺术作品以及周围的环境，使人们与公共艺术及周围的环境产生一定的互动关系，更加直接、生动地通过休闲娱乐的方式得到精神上的满足。

---

① 王黎明，李勇．城市公园园林艺术小品存在的问题及解决办法［J］．民营科技，2011（07）．

第七章 新时代环境艺术设计的创新探索

社会经济的迅速发展以及人们生活水平日益提高的同时，社会各界对精神文明建设重视的程度也呈现出日益提高的发展趋势。这就要求，现代环境艺术设计必须有所创新，才能在最大限度满足社会发展的需求，本章对新时代环境艺术设计的创新进行探索。

第一节 环境艺术设计的生态性解读

一、生态性环境艺术设计的内涵

生态环境艺术设计的基本含义是指人与自然事物的整体和谐。这种和谐不仅仅局限于反对人类对自然世界的破坏，而且还在于反对斗争，提倡合作精神。生态性环境艺术把原本分开的科学以及自然人性重新结合起来，解除现代工业文明对人们精神上的伤害，拉近人与人之间的距离。①

二、环境艺术设计突出生态性的原则

生态性环境艺术设计以人与自然和谐发展为基础，维持一个人与物的长期共存的局面，是一个动态的过程。因此，这就要求生态性艺术设计必须遵循以下几个设计原则。

---

① 刘义付. 生态理念视野下环境艺术设计研究［J］. 黑河学院学报，2018，9（03）.

（一）人本性原则

人是环境艺术中的主体，所以生态性环境艺术设计的基本思想就应该是"以人为本"，满足人类的精神和物质需求，优化人类的居住环境。在这同时，也要注意人类对自然施加的压力，要将这个压力控制在一定的范围内，尽量避免对自然的过分施压，超出自然的承受能力。在进行环境艺术设计的时候，尽量多的给社会带来一定的经济利益，既能够满足人们对美的追求心理，舒适美观，有具有一定的生态性，不给自然带来生态压力。人类和自然在很多方面存在一些冲突，所以，生态性环境艺术设计要避免这些冲突，为二者找到融合点，并期望达到我国传统文化中所讲到的"天人合一"的最高境界。①

（二）整体性原则

环境这个词从本质上来看就是从整体出发的大境况。这就要求在设计的过程中，要从整体出发，把人类和自然的所有东西都考虑在内，构成一个有机系统。小部分的利益应该配合大的方面设计，短暂的想法必须为长期的思考服务，把环境看作成为一个整体，不能分开考虑，这样才能够产生 1+1>2 的状况。在设计的过程中协调好生态性环境艺术的各个要素，这其中包括自然和生物、文化。进行合理的安排和构建，优化内部结构。通过整体原则的设计使得生态系统达到一个良好的状态。②

（三）地方性原则

环境艺术设计最先要考虑的符合一方特色，就例如我国大部分地区自然种植不出热带水果一样，要符合当地的地域特色。生态性环境艺术设计为了更好地说明其生态性，所以地方性原则显得尤其重要。这要求设计者对地方特色有比较深入的了解和观察，以及在实际生活的体验基础上进行设计创作。尤其在中国很多地方对环境艺术，都受到我国传统文化的影响，例如，风水等。另外，从科学的角度上看，环境艺术设计还需要考虑地方的水文、气候、景观等自然地理因素，政治经济的因素，使这些因素很好地在设计中体现出来。尊重地方的传统文化以及本土风格，并从中得出启示，创作出既具有本土风格又具有时尚气质的作品。但是，随着时间的变化，社会的变化发展，作为生态性的环境艺术设计，不能拘泥于地方的传统格局，理应按照实时的情况做出准确的

---

① 班建伟，刘松．关于环境艺术设计的生态性研究［J］．湖北函授大学学报，2015，28（08）.
② 付军．环境艺术设计中的生态理念探析［J］．科教文汇（中旬刊），2018（07）.

设计方向判断。

（四）拟人性原则

在我们强调人本性原则的同时，要将我们所处的"环境"亦看作"人"，当我们从这个角度来思考时可能才会实现真正意义上的生态性环境艺术设计。

三、环境艺术设计的生态性技术支持

为减轻环境负荷、减少资源消耗，创造舒适、健康、高效的室内外环境是生态建筑的核心思想。节地、节能、节水、节约资源及废弃物处理是生态建筑中特别关注的技术内容。下面重点分析能量活性建筑基础系统、置换式新风系统等技术。①

（一）能量活性建筑基础系统

能量活性建筑基础这项技术的基本原理就是在建筑基础施工过程中将工程塑料管埋入地下，形成闭式循环系统，用水作为载体，夏季将建筑物中的热量转移到土壤中；冬季从土壤中提取能量。其突出优点是不需要专门钻井就可以获取地热（地冷）资源，投资相对较少，经济效益明显。根据建筑基础土质情况和建筑基础工程的要求，可采用与基础形势相配合的技术，如能量活性基础桩、基础墙与基础板。这一系统若是采用与其相配套的地冷直接制冷技术则经济效益更好，消耗 1000W 电量可以输送 50KV 冷量到建筑物中。经过 20 余年的发展，这项技术已基本成熟。

（二）置换式新风系统

建筑空调系统需要完成 3 方面的功能，即：调节室内温度（制冷、供暖）；提供过滤除尘的新鲜空气；调节室内空气温度、空气流通速度，避免噪声。目前新一代空调系统的特点是：采暖（制冷）系统与通风新风系统分离；制冷用相对较高的水温（16℃～20℃），供暖用相对较低的水温（25℃～40℃）；标准办公室设计荷载较低，即 30w/m～60w/m；办公室采用置换式新风系统，全部送新风，放弃交叉混合回风系统；分散灵活布置的空调系统，与使用功能相配合；满足办公室个性化需求，可根据需要个性化调节室内温度、新风量等指标。②

---

① 邱可新. 探讨环境艺术设计的生态性 [J]. 科技展望，2016，26（27）.
② 李爽. 基于生态文明理念下的环境艺术设计 [J]. 艺海，2018（07）.

四、提高环境艺术设计生态性的措施

(一) 树立和谐创新的环境艺术设计理念

许多设计者们应该改变传统设计观念，注重改革创新，树立和谐与整体的创新理念，在环境艺术设计中引入一些创新元素。环境艺术设计各个环节不是相互独立的，设计者应该对设计有一个整体的规划，加强各个设计环节之间的联系。然后就是促进人与自然和谐共处，尽量使用绿色、环保的设计材料，并且利用先进的科学技术提高资源利用率。[①]

(二) 将传统文化融入环境艺术设计

文化的发展离不开文化的传承和创新。环境艺术设计者在设计中可以适当将传统文化融入环境设计中，充分利用中华民族的传统文化，然后加入一些创新理念，提高建筑的文化底蕴，久而久之有利于形成具有本地区特色的环境艺术设计。通过这些方法来加强本地区环境艺术生态化设计。

(三) 成立专门的环境艺术设计机构

有些地区应该建立完善专门的环境艺术设计机构来进行统一和整体管理。在管理的过程中，监督和管理设计者的工作，并设置一定标准来规范设计者，促进他们的设计水平的提高，进而确保建设时期的质量。还有就是安排专门人员对环境艺术设计地区进行定期维修与保护，延长设计使用寿命。通过这些方法来促进环境艺术设计的生态化设计，促进当地人民生活质量的提高。

第二节　绿色设计理念在现代环境艺术设计中的应用

一、绿色设计理念概述

贝塔朗菲（Bertalanffy）最早提出了系统论，他认为任何要素都处于一个

---

① 杜婧璇. 生态文明对现代环境艺术设计的影响和对策 [J]. 度假旅游, 2019 (01).

大系统中。① 在这个大系统中，包括环境、人、经济等，相互之间是相互制约的关系。若是我们在发展的过程中，强调某一要素，而忽视另一要素就很可能会导致系统失衡问题。而环境问题的出现本身就是因为人们过度强调经济发展，忽视了对自然生态的保护，导致环境的恶化。② 源于这样的思想，绿色理念逐渐深入到各个行业和领域。当其出现在设计圈的时候，就逐渐演变为绿色设计理念。绿色设计理念旨在实现设计与自然的和谐，相较于传统的设计，其将设计看作一个整体的大系统。③ 在这个大系统里面，不但包括单纯的设计、生产，还包括回收、再利用等环节。通过这种设计理念，并不会对产品的功能、生产成本造成影响，而且可以提高资源的利用率，将设计、生产等于环保紧密联系，实现设计与自然的和谐、生产与环境的和谐。绿色设计注重的不仅是消费者的需求，还包括对环境的保护、资源的优化利用等方面。从这个角度来看，我们也可以将绿色设计看作是可持续发展设计。总之，在人与自然关系日益紧张的今天，绿色设计理念无疑为人与之间的和谐相处拓宽了新的道路。

二、绿色设计理念的原则

作为现代环境艺术设计的重点，绿色设计理念包括诸多的原则，只有符合这些原则，才能更好地符合人类健康、可持续发展的需求。具体来说，绿色设计理念原则包括如下几个方面：

（一）节约原则

工业文明促进了社会的进步，但是企业消耗了过多资源，造成了诸多生态问题。为此，在实际的绿色环境艺术设计中，在确保设计艺术性、主体性的前提下，应该尽量简化设计，有效地降低设计过程中的资源消耗。需要注意的是，所谓的简化设计建立在展现设计艺术性、主体性的基础上，不能将实现最低消耗看作唯一目的，这样就失去了设计本身的精华。④ 因此，为了更好地贯彻节约原则，实现人与自然的完美结合，我们可以在循环利用上尽一份力。装饰材料可分为可再生材料与不可再生材料，为了实现资源的回收和循环利用，我们应该尽量选择可再生环保材料。材料选择上的可持续发展本身也是一种节约，一种从人类发展角度、资源利用角度的节约，也只有这样的"大节约"

① 韦永琼．贝塔朗菲复杂性一般系统论教育观探析［J］．南阳师范学院学报，2008（02）．
② 邓岱丹．绿色设计理念在环境艺术设计中的应用研究［J］．绿色环保建材，2018（06）．
③ 李藩．现代环境艺术设计中绿色设计理念的运用［J］．能源与节能，2014（09）．
④ 文勃．绿色设计理念在环境艺术设计中的应用研究［J］．居舍，2019（11）．

才能够真正促进绿色设计理念的深入发展。

（二）真实原则

绿色设计面对的是真实的客观存在，在实际的设计中要坚持实事求是的原则，想法不能过于天马行空，应该充分考虑当地的特殊性，结合整体地形地貌、人文风俗、建筑、气候等方面的条件进行创造。设计者要善于通过环境艺术设计语言，生动地展现当地环境的原生属性，只有这样才能更好地将环境艺术设计和当地环境有机结合。

（三）自然原则

自然的存在是一个完整的体系，绿色设计理念遵循的就是自然的规律，要想使设计更加贴合绿色设计理念，首先要做的就是尊重自然，将自然原则贯彻到人类的生存与发展当中。在依靠自然生态环境的同时，设计者还需要有效地消除设计过程中对生态环境可能造成的不良影响，只有将人类生存与自然生态相协调，才能更好地促进现代环境艺术设计的发展。其实，所谓的自然其实就是一种生态美学观点，不过其是在传统观点的基础上融入了生态元素，极大地促进美学的发展。有一个成语叫"浑然天成"，在某种程度上这就是一种生态美学。设计的最高境界就是与周围的环境相和谐，而最大的环境无非就是自然，从这个角度来看，实现设计与自然和谐，于简单中彰显美学才是绿色设计理念的真谛。具体来说，绿色设计理念就是要在深入把握自然的基础上，借助先进的科学技术、手段，在设计中留住自然的美态，让居住者能够感受到大自然的蓬勃气息和美感。

（四）安全原则

绿色设计理念还有一个重要的原则就是安全，安全是人类的基本诉求，也是环境艺术设计的基础。安全原则的主要目的就是为了保护人类的安全，避免因为环境艺术设计对人类造成伤害，这充分体现了人的主体性。①

（五）适度原则

随着社会经济的快速发展，人们的消费能力有了很大的提高。为此，人们在设计装修的时候往往极尽奢华，不过多的考虑环境成本。这种设计理念和方式难以实现人与自然的和谐，是不值得提倡的。而绿色设计理念坚持以人为

---

① 赵良防．浅谈绿色设计理念在现代环境艺术设计中的应用［J］．戏剧之家，2018（06）．

本，消费适度。主张在满足消费者需求的基础上，尽量节约资源，避免过度消费。任何消费都建立在一定资源消耗的基础上，适度消费实际上就是"低碳"的经济行为。

三、绿色设计理念在现代环境艺术设计中应用的措施

通过上述分析，我们对绿色设计理念以及原则有较为深入地了解。为了更好地应用绿色设计理念，提升环境艺术设计的科学性，就需要采取如下措施：

（一）树立绿色设计理念

绿色设计就是为了实现人与自然的和谐，避免对资源的浪费，实现可持续发展。为此，在现代环境艺术设计中，我们要转变传统设计标准，科学利用各种资源。此外，消费者要摒弃以往奢华、高档的消费理念，而应该将健康、简约作为设计的主旨。设计本身具有美学特性，而在应用绿色设计理念的过程中，我们要重视生态美学元素。如今，人们的生态环保意识逐渐增强，对资源节约的意识也来越强。在我们生产生活的各个方面都渗透了人们的环保理念。为此，在今后的现代环境艺术设计中，我们要将生态美学的理念引入，将生态与美学有机结合在一起。在室内设计中，我们要凸显的是自然和简单之美，而不是应该过多地追求奢华。此外，在资源的利用上，我们应该注重资源的节约问题。绿色设计的关键就是要实现资源的优化配置，节约资源，建设一个生态社会，实现资源的循环利用。总之，在绿色设计理念的设计中，我们不但要转变传统的设计、合理使用与节约资源，还需要注重生态美学要素的应用，这样才能更好地推动现代环境艺术设计的发展。

（二）确保设计者的核心地位

设计者要有效地处理人工环境和自然环境的关系，将绿色设计理念贯彻到每一个具体的设计细节中，对环境问题给予充分的考虑，提倡环保的物品制作方法，要用绿色、可持续的方式来利用物品，科学化进行废物处理，善于利用设计过程中的剩余材料，这对每一个设计者都是至关重要。[①] 具体来说，应该从如下几个方面着眼：其一，设计出具有自然感的空间，在实际的设计中，设计者应该凭借自身的专业知识，创设一种赋予自然感的空间，使建筑内外空间相互配合，充分利用空气、眼光和水分，让建筑内外形成一个有机的整体，让更多外界的景色出现在我们的视界之内。其二，采取室内造园方法，在进行内

---

① 赵东娜. 绿色设计理念在现代环境艺术设计中的应用 [J]. 资源节约与环保，2017（04）.

部环境艺术设计的时候，设计者可以采取室内造园的方法，摆设绿色植物，增强室内的绿色感。其三，增添设计的自然缺位，在室内颜色搭配、材料的时候，设计者应该充分考虑使用者对自然趣味的感受，关注颜色和材料的组合，将环境设计和绿色设计有效地结合在一起。

（三）创设自然化空间

在如今的现代环境艺术设计中包括很多设计风格，其中最为人们喜爱的就是田园风格。这种风格不强调繁花点缀的修饰，突出的是设计本身的绿化与庭园的优点。通过窗外的植物、山石的引入，室内环境可以实现最大限度地自然化。这些巧妙地运用，可以拉近居住者与自然的距离，让其在这个空间中找到更多自然的神韵。此外，在实际的设计中，还可以采用古代园林通过窗格透景，通过这样的方式，室内外能够融为一体；或是也可以应用一些人工造景等。自然化室内空间的创设，我们在获得良好环境体验的同时，也能够实现增强室内空间的自然美和艺术美。

（四）关注绿色设计发展

在设计阶段，设计师应该关注科技的最新发展，注重自然、环保材料的更新情况。在室内设计的时候，尽量选用环保新材料，摒弃以往有害的装修材料。此外，还需要引入先进的绿色设计创意，诸如太阳光线的引入。通过引入更多的太阳光到室内，可以将太阳光照明的可能性充分挖掘出来，让居住者更为亲近自然，贝聿铭设计的苏州博物馆就是天光使用的杰作。设计采取了顶部侧面进光的方式，自然光照性能得到了极大发挥。此外，其还将金属遮阳片和怀旧木构架应用于玻璃屋顶之下，这样的设计不但可以过滤进入的光线强度，还能彰显出光纤的层次变化，可谓匠心独运。总之，室内设计能够有效地减少可再生资源利用，将自然与人的协调发展这个主题完美地展现了出来，让人们可以更贴近自然，享受自然带来的舒适、健康、温馨。

（五）选用绿色环保材料

未来的现代环境艺术设计要以实现人与自然的和谐发展为目的，坚持绿色设计理念是必然的趋势。在绿色设计理念的指导下，我们在利用资源的时候，应该坚持高效、循环利用的原则，对设计、施工等各个环节予以优化，采取适度、自然的装饰。① 在确保设计美感的同时，减少资源的利用，并尽量选择环保和可再生的资源。在能源利用上，也应该选择清洁能源，这样才能在满足人们居住需求的同时，减少对生态环境的破坏，实现人与自然之间的和谐。绿色是当前建筑材料的一个主要卖点，这是人们理性消费理念所带来的直接影响，随着人们对生活、健康追求的提高，破坏环境、影响健康的选材受到很大的排斥，这也是绿色设计理念兴起的背景。绿色材料的主要的卖点就在于其能够有效地降低资源消耗，使资源的利用效率得到最大提升，减少对环境的不良影响，将材料的自然亲和性充分体现出来；此外，在材料的回收处理上，绿色材料也比传统材料有更大的优势，其环保属性能够有效地满足绿色设计理念的核心需求。选用更多的绿色材料，人们的居住健康就能得到更好地保障，环境的污染也会降低，由此可见，选用绿色材料是践行绿色设计理念的重要途径。

（六）提高资源利用效率

在工业文明下，能源短缺问题是不可不提的一个焦点问题，自然生态环境的破坏，自然生态资源的过度消耗，对经济社会的可持续发展造成了巨大的挑战。能源危机一步步加深，解决能源问题，提高资源利用效率已经成为现代人所必须关注的问题。② 为此，在环境艺术设计中，设计者也应该将提高能源的利用率作为重点，从温度控制、用水节约、光线采集等方面着手，降低建筑对能源的消耗。诸如在建筑设计中，设计者应该考虑好门窗的数量和空间位置，这对温度控制、采光等都有直接的影响，只有使环境空间最少的消耗能源，才能有效地提高资源的利用效率。

（七）增强设计的协调性

在应用绿色设计理念的过程中，设计者要将增强设计的协调性作为一个重点，具体来说，应该从两个方面着手：其一，实现自然环境与艺术设计的巧妙融合，不能为了遵循绿色设计理念，而不顾设计的合理性、艺术性，这偏离了设计的本质，也就难言艺术。其二，处理好人工因素的关系，对采光、空气系统进行有效的控制。

---

① 王慧颖. 浅谈环境艺术设计中的绿色设计理念 ［J］. 山东省农业管理干部学院学报，2012, 29（04）.

② 张杰. 绿色设计理念在现代环境艺术设计中的实践应用 ［J］. 中华民居（下旬刊），2014（01）.

第三节　信息化技术融入环境艺术设计

一、信息技术对于环境艺术设计的影响

（一）信息技术提升环境艺术设计效率

传统的环境艺术设计对于环境的勘查和测量需要花费大量的人工进行实地测量，信息时代可以通过无人机航拍、卫星勘测等技术进行准确的测量，节省了大量的人力成本、提高了效率。另外传统的环境艺术设计的设计方案以及设计效果的呈现是通过纸质手绘的方式，不仅效率低而且修改不方便，而在信息技术时代环境艺术设计的表达和呈现完全数字化，不仅可以帮助设计师更好地进行思维发散、分析和思考，而且大大提高了设计效率、节省了设计成本、提升了环境艺术设计最终呈现效果质量。[①]

（二）信息技术提升环境艺术设计展示效果

三维软件技术的发展以及在环境艺术设计领域的广泛应用，不仅可以对环境艺术设计的具体空间布局、山石、建筑、流水等具体场景进行模拟和展现，方便设计师进行查看和修改，而且通过效果图、动画、虚拟现实等方式进行设计效果的呈现，大大提高了环境艺术设计呈现效果的质量，让人们对于最终的实现效果有更为全面的认识和了解。

（三）信息技术优化了环境艺术设计流程

信息技术对环境艺术设计的影响还表现在对于设计流程的优化，一方面通过虚拟显示技术、三维动画技术最大限度地模拟出建筑工程的具体形态，可以让施工人员在提前指导在施工环节的难点以及危险节点，大大降低了施工实践过程中的安全隐患。另外在传统环境艺术设计中需要耗费很多的时间和精力去核算成本，而信息技术出现可以在让施工人员、业主以及消费者对设计的成果有了更深层次的理解的基础上，让前期成本预算更加精确。

---

① 黄小君. 信息技术在环境艺术设计中的应用 [J]. 建材与装饰，2018（01）.

二、虚拟现实技术在环境艺术设计中的应用

（一）虚拟现实技术概述

1. 浅析虚拟现实技术

虚拟现实技术实质上是一系列先进技术的集合，其中包含多媒体技术、计算机网络技术以及仿真技术等等，依托这些种类的技术营造一种较为逼真的三维虚拟环境，在硬件设备的支撑下，实现多维度信息空间的创设，从而为具体的行业领域呈现出极为直观且形象立体的虚拟环境。

虚拟现实技术是在用户指定需求的指引下一步步完成的，不同的虚拟场景需要依托不同的技术手段来实现，总体来说，绝大多数虚拟现实技术的应用需要设置有虚拟现实系统的信息输入模块，并且凭借多媒体技术以及信息采集模块的具体运作来布设虚拟环境的根基，以便于后期在其根基的基础上营造三维空间立体环境以及摆设具体的虚拟物件，令虚拟环境更加逼真。① 此外，最为重要的是，虚拟技术互感特性模块的运作，正是有了该模块，令虚拟现实技术在实际应用的过程中，才有了人与环境间的交互体验过程。最后，将虚拟现实方案通过多媒体技术、计算机信息技术等手段呈现给受众群体。

2. 虚拟现实技术的主要特征分析

虚拟现实情景创设以计算机技术为核心来构建模拟环境，依托现代高科技硬件以及软件产品生成逼真的虚拟环境，以此来营造一种直观的立体化场景，并采取一系列手段来激发亲临现场环境中受众群体的视觉、听觉、触觉等感观感受，让人们宛如进入到一个真实的现实环境当中。从具体来看，虚拟现实技术的主要特征可被分为以下几点：

（1）虚拟现实技术的多感知性特征

通常情况下，我们在感知事物时所凭借的往往是视觉印象、触觉或是听觉感知等能力，而在虚拟现实技术手段的运作之下，最理想化的结果便是调用人所有能够被激起的感知能力，从而达到全景观摩或是统筹考虑的目的。但在现有的技术水平之下，这种理想化的虚拟现实技术未能够达到此种巅峰状态，需要在未来进一步挖掘其多感知性的技术特征。

（2）虚拟现实技术的交互性特征

虚拟现实技术的交互性特征主要体现在它的互动效应方面，即人们在虚拟的技术环境内部，可与虚拟场景及虚拟物质内容进行互动，尽管这种互动是一

---

① 骆太均. 现代信息技术在环境艺术设计专业教学中的应用 [J]. 大众文艺，2018（09）.

种感知场景的具象化，但其所呈现出的技术实践价值极高，能够以此来预估真实环境中所可能出现的结果。

（3）虚拟现实技术的构想性特征

简单来说，虚拟现实技术的构想性特征就是对虚拟环境的一种设想，满足人们对客观不存在场景的探索需求。尽管该技术的构想性特征明显，但其所构想的场景往往也是借由人们对事物的认知与对未知世界的想象力而来的，所以，基于虚拟现实技术的构想在多种辅助技术手段的运作下得以实现。

（二）虚拟现实技术在环境艺术设计中的实际应用

虚拟现实技术可以对环境艺术设计的状况进行直观呈现，不仅有助于强化环境艺术设计在预算方面的准确度，使设计过程中双方的互动性不断增强，而且，还有利于对环境艺术设计方案及其配景进行更全面的展示，进而转变了传统中环境艺术设计受到思维表达限制的状况，令环境艺术设计更具动感特性。①

1. 环境艺术设计的宗旨及其内涵价值分析

从总体来看，我国的建筑设计、环境设计领域需要借助各类型先进技术来突显其内涵价值，其中，环境艺术设计的宗旨主要是为了用最经济的成本呈现出极富价值的设计方案。在实践过程中，需要采取一切可行性手段来提高环境艺术设计的质量及效率，突破环境艺术设计行业的发展瓶颈。

从客观的角度来分析，在应用虚拟现实技术来进行环境艺术设计的过程中，会出现一些实际问题，但无可厚非，这也是由于该项技术的特性所决定的，会令环境技术设计呈现出非现实的一面。尽管如此，虚拟现实技术的应用给环境艺术设计所带来的技术支撑仍较为强大，因在其作用之下，不仅可以实现环境艺术设计方案的预估，而且，还可以赋予环境艺术设计以概念化的色彩，这是在实体项目设计中所无法企及的艺术高度。

2. 虚拟现实技术与环境艺术设计间的联系性

虚拟现实技术需要打破空间甚至时间的局限性，在该技术的支撑下，环境艺术设计能够跨度到任何构想所能够触碰的实体环境中，借助天马行空的艺术理念，进一步调整环境艺术设计方案的内容，使其具备较高的艺术价值或是实践价值。实质上，虚拟现实技术与环境艺术设计二者间本就存在着千丝万缕的专业关联性，因其都涉及具体环境的营造，将虚拟现实技术应用与环境艺术设计领域，则更加突显了虚拟现实技术的优势特性，所以，将二者相整合的效果

---

① 周永慈. 基于信息时代背景的环境艺术设计教学探究 [J]. 建材与装饰，2019（03）.

就更为突显。从具体来看，环境艺术设计项目是一种大型融合显示类型的工程设计，即用高科技场景所营造出来的动感氛围来激发人们的各种体验，从而对环境艺术设计的构想有更直观、更具体的了解。

3. 虚拟现实技术的实际应用给环境艺术设计所带来的影响

在实践中发现，虚拟现实技术的实际应用给环境艺术设计所带来的影响较为深远，因其不仅可以弥补传统环境艺术设计的不足，突破环境艺术设计在空间构想等方面的局限性，而且还能够有效避免实际操作中的潜在问题，诸如人与环境的协调性问题、动态化环境的设计问题等。此外，在虚拟现实技术支撑下，避免了以往多次重复性设计的成本浪费，只需应用计算机技术、多媒体技术来营造虚拟现实空间，便可以实现整体的环境设计构造，因此，虚拟现实技术的实际应用就在一定程度上改善了实体项目建设的经济效益与社会效益。

（1）虚拟现实技术的出现弥补了传统环境艺术设计的不足之处

在以往，传统形式下的环境艺术设计，往往受制于空间因素，如若设计方案超出的具体的空间范围，则就会显现出极强的不适应性，造成环境艺术设计失败，这种情况凭借虚拟现实技术的应用是完全可以剔除的，在该技术的支撑下，环境艺术设计冲破了空间范围甚至时间的限制，其所营造的单独的艺术设计空间具备一定的现实价值，能够让身临其中的受众群体感知到环境艺术设计的独特内涵。虚拟现实系统具有多感知性、浸没感、交互性以及构想性等特征，正是由于虚拟现实技术能够将操作者以及受众引入到一个逼真的模拟实景环境中。虚拟现实技术的应用是人们通过计算机对复杂数据进行可视化操作与交互的一种全新实践方式，与传统的人机界面以及流行的视窗操作相比，虚拟现实在技术思想上有了质的飞跃，其所呈现出来的实际效果也是异于寻常的。

（2）虚拟现实技术的应用能够有效避免环境艺术设计方案中的潜在问题

鉴于环境艺术设计的技术要求较为特殊，往往需要融合多学科的知识体系来完成设计方案内容，如若出现技术疏漏，则整个环境艺术设计方案就可能被推翻。实践过程显示，虚拟现实技术的应用能够有效避免环境艺术设计方案中的潜在问题。从具体情况来看，虚拟现实系统中的三维建模技术是通过表格、曲线、图例等方式来表现抽象化的统计数据或概念等内容。从总体来看，虚拟现实系统可以分为前台模拟呈现与后台技术处理两个主要部分，在计算机硬件、软件的支撑下，完成仿真系统模型的架设。实际上，虚拟现实系统本身是一系列技术的集成，通过仿真系统平台的有序运作，令每一个模块发挥出最大效用，从而实现某一具体情境的虚拟现实。这样一来，虚拟现实技术的应用便集合了仿真系统、多媒体技术系统等的优势，从而避免出现既往设计效率的问题。此外，虚拟现实技术的实际应用还能够有效避免环境艺术设计过程中各部门信息的不对称效应，简而言之，环境艺术设计方案制定的过程中需要各专业人员知识体系的融合过程。如若将环境艺术设计的要点集中在统一的设计平台上，便可以改善信息交互的问题，这就避免了设计失误情况的发生。在目前，很多行业领域都已经实现了科技化整合运作，从而提高行业效益。在实际模拟操作过程中，借助投影设备以及物理规划模型的情景布设，并且，通过数据库系统及其相关技术的整合运用，将各类信息资源、地理位置资源、媒体储备资源等内容录入到核心系统之中，以便于系统随时调用各类型的信息资源，这就能够突显出虚拟现实技术在环境艺术设计领域应用的实效。

环境艺术设计的过程中所应用的虚拟现实技术最重要的职能作用主要体现在它的互动性方面，这就有别于单纯的大型融合显示项目的实施，在人机互动虚拟环境中，体验着可通过系统的部分模拟功能模块，与中心系统进行互动与交流，以此便能够呈现出此类型交互式三维虚拟环境模型的高技术融合效能。这样一来，一旦环境艺术设计方案中存在不合理、不协调等问题，便于通过虚拟场景反映出来，从而有利于技术设计者进行调整或改进设计方案，避免在实际的环境施工的过程中出现问题，而且，又在一定程度上避免了资源浪费等情况的发生。

（3）虚拟现实技术的应用改善了实体项目建设的经济效益

从既往的经验来看，虚拟现实技术已经被广泛应用到建筑工程设计、环境艺术设计以及模拟操作平台等诸多实体项目之中，该技术的优势较为突显。虚拟现实技术能够在计算机软件的作用下，且在极短的时间内，构建出三维仿真模型的主干框架结构，这就大大缩减了实体领域中工程设计的周期，同时，如若设计的过程中，出现设计方案的调整，则无需像传统环境设计那样，推翻实体设计内容重新构建设计物件，而是在相应的设计软件系统中对设计调整内容进行修正即可，这就能够在一定程度上降低工程设计的成本，避免了人为的设计误差，改善了环境艺术设计的质量及效率，最重要的是提高了环境艺术设计项目的资源利用效率，进而改善了实体项目运作过程的经济效益。

电子信息技术等现代化科技与诸多实践项目的整合应用给人们以新的体验，逼真的虚拟现实场景给人们带来更为极致的多重感观感受。虚拟现实技术在环境艺术设计领域的实际应用，弥补了传统环境艺术设计的不足之处，有效避免实际操作中的潜在问题，改善了实体项目建设的经济效益，因此，该技术的应用值得在相关产业项目中进行推广。

三、数字技术在环境艺术设计中的应用

（一）数字技术的概念

数字技术是数字信息化的实现，通常人们也将其称为计算机技术或数码技术等。由于环境艺术设计会涉及大量的表现图，所以将数字技术应用到环境艺术设计当中，主要是通过数字信息来传达环境艺术设计过程中所需要描述的文字、声音或图像等，在环境艺术设计中属于一种辅助的设计手段。[①] 数字技术在环境艺术设计中的应用是未来环境艺术设计发展的必然方向，科学合理的运用数字技术能够使得环境艺术的设计具有现代化的设计风格。

（二）基于数字技术的环境艺术设计过程分析

1. 设计理念
现代化的环境艺术设计，一定要利用先进的技术，提高设计资源的利用率，在满足环境发展的基础上，制造出高质量的生态环境，以生态理念为前提，满足现代社会发展的需求，在环境艺术设计中，要尊重自然自我更新的规律，利用自然生态的自我调节来进行设计，防止设计中的材料选择超出自然可承受力，所以，尊重自然的发展规律才是实现可持续发展环境艺术设计的生态理念。[②]

2. 构思方案
环境艺术设计方案的构思主要是指设计师在进行艺术创作时，对设计蓝图进行一系列的思维活动，主要包括设计主体的选定、题材的选择、布局结构分布等。优秀的环境艺术设计方案构思是艺术设计的主要环节。

3. 构想场景
人们在生活中属于一个动态的群体，身边的环境在不断发生变化，关于环境艺术的设计，不同的设计需要有不同的环境来与之对应，针对不同的文化、不同的环境、不同的人群在环境艺术设计时要考虑到相互之间的结合点以及差异性，设计师的设计思想要与设计环境之间进行良好衔接，对设计场景进行构想，环境因素的运用是数字环境艺术设计的重要元素。

4. 构思主体
每一个项目设计都会围绕一个中心或一个主体来进行设计，这个中心就是

---

① 陈德胜. 信息时代视域下环境艺术设计教学改革探索［J］. 戏剧之家，2017（09）.

② 段晶晶. 数字技术影响下的环境艺术设计方法研究［J］. 现代交际，2018（16）.

设计作品的主体,在环境艺术设计之前,要对设计主体进行构思,对各项指标与各类因素进行仔细分析,在明确设计主体之后,设计师的艺术设计会更具有针对性。① 基于数字技术的环境艺术设计一定要把握住不同的人群、不同的地区等特征,通过数字化进行数据统计,从而设计出优秀的作品。

5. 市场评估与调研

目前,我国社会是以市场经济为主导的社会,关于环境艺术设计作品的好与坏并不是只需要通过某些机构进行验证与鉴定的。而且要根据市场的实际情况来表现。所以基于数字的环境艺术设计需要对市场情况进行了解,通过市场调研来了解市场的变化以及需求,经过市场调研之后能够丰富设计师的设计思路,从而设计出符合市场需求的优秀作品。另外,设计人员需要对设计成本进行具体评估,了解市场的需求程度,不能以个人的主观意向进行判断,如果设计师对市场需求了解得不够透彻,所设计的产品就不会受到市场认可,那么艺术作品的设计就是失败的。基于数字技术的环境艺术设计是一种艺术创造,设计人员要源于生活高于生活,在作品中既要保持设计师自身的艺术风格,又不能忽略作品在市场中的作用,设计者要知己知彼才能够在激烈的竞争市场中占据一席之地。

6. 流行趋势预测

以数字技术的环境艺术设计是会随着时间的推移而逐渐不再流行,人们的审美心理也会逐渐的发生变化,所以,设计师在对作品设计之前,要掌握好作品的流行趋势,了解消费者心理,以市场需求为基准,集数字化、智能化、元素化等优点于一身,为人们提供高效性、精准性的服务。

(三) 数字技术在环境艺术设计中的具体应用

在环境艺术设计中数字技术可以给设计人员带来全新的方法与手段,打破了传统的设计理念。所以对设计人员也有更高的要求,要适应数字技术带来的改变,适应市场需求的不断改变。环境艺术设计是艺术与科学之间的融合,我国当前环境艺术设计的快速发展,与技术和环境艺术完美结合是密不可分的。② 数字技术的发展为环境艺术设计的创作提供了新的方式与理念,环境艺术设计对数字技术的要求也越来越高,数字技术在环境艺术设计中的具体应用如下。

---

① 张乐. 数字技术在环境艺术设计中的应用 [J]. 湖南城市学院学报 (自然科学版),2016,25 (02).

② 李晓刚. 环境艺术设计中数字技术的应用 [J]. 艺术科技,2015,28 (03).

1. 提供新的方法与手段

在环境艺术设计过程中运用数字技术，会使作品产生很大不同，设计人员要适应数字技术对艺术产品带来的改变，设计人员要有一定的前瞻性，其设计理念与方法都要与现代的艺术观念相融合。① 数字技术的发展会为环境艺术的设计提供全新的手段与方法，同时，环境艺术的设计也会对数字技术的要求越来越高。所以，设计人员一定要紧随时代发展的步伐，以一种全新的姿态来迎接新的技术与技巧，不断创新，适应时代的需求。

2. 加速环境艺术设计的步伐

数字技术是环境艺术设计中比较方便的表达方式，通过数字技术，可以对艺术设计中的文字、图像等进行处理，该表原有的视觉效果。从大体上来看，数字技术的应用能够加快环境艺术设计的步伐，其设计理念能够符合人们的根本需求，通过独特的艺术创作形式表现出灭，数字技术对环境艺术设计最直接的影响在于设计工具上的改变，通过数字技术可以替代传统的手工绘图，能够有效地节省时间，而且呈现效果也要远好于传统设计，通过数字技术，作品的设计缩放自如，更加精准，其规范性得到设计人员的一致认可。

3. 使环境艺术设计作品更加生动

数字技术的应用能够使艺术作品通过图像、声音等信息的形式便显出来，使环境艺术作品的设计效果更加生动，通过现代化技术，设计与构想方案更加容易修改。数字技术可以使技术与艺术两考之间进行完美融合，充分体现出数字技术的特长。不仅如此，数字技术在设计构思与方案塑造方面也存在很大优势。

第四节　传统民间艺术在现代环境艺术设计中的应用

一、民间艺术的概念

"民间艺术"是由"民间"和"艺术"这两个很富有弹性的概念组合而成，因此内容极为丰富。我们使用"民间"这个概念，有时是指一种在当代社会中不占主流、处于边缘化的东西，有时也是指一种不很明晰，但却沉积下

---

① 刘岩，叶禄新，肖巳洋，姜洋. 数字技术在环境艺术设计的运用和发展［J］. 电子技术与软件工程，2013（21）.

来的东西。① 普普通通、质朴无华、从事劳作的普通民众，与知识阶层相比起来，固然书面文化的修养较少，与社会其他在政治或经济领域内较为显赫的阶层相比更是不起眼，在社会生活各个层面部都比较默默无闻。不过他们将不富裕的物质生活和丰富的精神生活融合在一起，就构成了"民间"。我们不得不承认，这个"民间"在生活的形态、基调和风格上，的确是有其自身整体上的一致性和某种相对独立性。另外，从时间上来看"民间艺术"分"传统民间艺术"和"近代民间艺术"，这里我们讨论的主要是"传统民间艺术"。②

传统民间艺术作为中国传统文化的一部分，既是一种特殊的艺术形态，同时又是民间传统文化的物化形式和形象载体。由于传统民间艺术是在传统民间社会生活的背景下和民间传统文化的基础上产生的，因此它不仅是传统文化的产物，更重要的是民间传统文化的内容和组成部分。那些深藏在民间传统文化中的造物观念、价值观念、信仰观念、社会组织结构、经济基础形式等都对传统民间艺术的产生、发展及存在形式产生了重要的影响或者说是文化的规约。传统民间艺术的性质和特征确切地说是中国传统文化的重要体现，甚至可以说，传统民间艺术就是传统文化的性质、特征。因此，对传统民间艺术的认识在一定程度上就是对中国传统文化的认识。

二、传统民间艺术在现代环境艺术设计应用中的特点

(一) 地域性

把对环境的整体风貌比做人的气质，和人一样，每个环境都有自己独立的气质。而它的气质是与它的相貌（地理位置）和性格（文化特征）分不开的。我们可将地理位置和文化特征的不同归结为地域性差异。如同人和人的气质各异，不同的环境与环境之间也各不相同，只有这样人生活的环境才能给人们带来无限的乐趣，就如同，提到德国便能联想到它那秩序井然的城市面貌，科学合理的交通组织，体现出这个民族严谨的气质特征。而美国的城市环境则更多地让人感受到个人主义的极度膨胀，过分的自我夸张，出奇制胜式的奇装异服般的建筑、装饰比比皆是，当然这也不失为一种极具个性化的风格。

然而，伴随着中国人口的增长和城市化的进程，人们的居住环境也前所未有的急剧膨胀着。旧有的城市建筑、街坊、巷陌、园林、院落、古城墙、牌坊、寺庙、地方性的自然景观，以及原来在市镇生活中形成的社区关系、邻里

① 郑博文. 论民间艺术在环境艺术设计中的传承与发展 [J]. 才智，2015 (17).
② 唐怡然. 浅谈现代环境艺术设计对民间艺术的传承 [J]. 戏剧之家，2017 (24).

里关系及生活习俗在很短的时间里人为地消失着，蜕变着。取而代之的多是千篇一律，似曾相识的建筑样式和景观大道，没有历史感、没有地方文化，没有地域个性的印记，不能不说这是一种公共环境的损失乃至破坏。

"地域性"问题，对于环境艺术设计来说则意味着艺术创作和设计的表现形式、物质材料、工艺方法、表现题材和文化精神内涵等方面，实现与本地区的自然和文化多维元素的内在关联与融洽，可以说，几乎在自然和社会历史方面有所沉淀和特色的任何一个地方的文化形态，都有它自身存在的必然性和合理性。这种必然性和合理性是特定的自然条件以及与之相适应的、久经磨合的社会经济及政治形态所决定的。因此，环境艺术的导入和发挥应该尊重和融合起地方性所特有的形态及其内在的精神理念。例如，一个地方所特有的物质材料，它们往往是本地域的人们在生活和生产中最为熟悉和具有亲切感的东西。在环境艺术中加以合理和巧妙地运用，往往在艺术的表现力和表现风格上都可能成就其独到的魅力。

（二）情感性

情感是一切艺术之本，好似古希腊的雕塑、中国的绘画、书法及德国的古典音乐璀璨于历史长河而经久不衰。在环境艺术设计中，情感空间是最能打动人心的，也能给人以启发，空间因为有了情感的融合而生机盎然。[①]

然而，在现代生活中，到处充斥着高节奏，高效率和无所不在的充满竞争的工作环境与生活环境。经济上的丰裕和业余时间的减少，人流拥挤的交通，分布密集的硬质景观，带来了人际的生疏冷漠，家庭结构关系的分散松弛，同时也造成了一种比较虚幻的精神世界。因此，环境艺术设计的任务需要对精神生活方面得到改善，营造一种健康向上、愉悦和富有人情味的文化环境，这不仅是情感的高要求，也是一种调节疲劳、提高创造力、增强健康的需要。

艺术作用于人的精神，体现在影响人的情感和认知活动。特别在民间环境中，传统民间艺术具有的情感认知内容是显而易见的。从土家族母亲为女儿赶织陪嫁的"西兰卡普"织锦，从孩子们穿戴的虎头帽、虎头鞋、刺绣围嘴及娱玩的泥叫叫、竹节龙、燕车，从春节的窗花、剪纸、灯彩以及祝寿送礼的面塑礼花……我们都可以感受到蕴涵其中的亲切情意。而围嘴上的虎食五毒，荷包上的莲花，年画中的财神，剪纸中的龙凤呈祥以及门前的石狮子，更是寄托了人们深切的情感，是对人的生命存在的关注，对人生价值的把握和对美好生活的向往，传统民间艺术中所饱含的丰富、真切的情感，宣泄和充实了人们在

---

① 彭佳. 在民间艺术中探寻现代环境艺术设计的发展 [J]. 大众文艺, 2010 (10).

现实生活中的情感内容。

三、传统民间艺术在现代环境艺术设计应用中的方式

（一）形式的运用

所谓"形式的运用"就是造型形式在环境艺术设计中的运用。狭义它是上指造型艺术；广义上它泛指以艺术表现为目的，并具有一定美术要素的实用物质形态，有时甚至指不论有无美的要素，凡通过人类的意识制造出来的眼睛能看、手能触及的一切形象。

传统民间艺术运用到环境艺术设计当中的多是以造型为主，而传统民间艺术造型有着它的特殊性。在原始社会中，造型艺术与人类必需的物质资料生产有着直接的联系。因此，传统民间艺术造型是以实用目的为重要条件。人类在长期的生产活动中，通过对外部世界和自身的改造，逐渐掌握了"按照美的规律来造型"，慢慢具有了很高审美价值的精神物质形态。传统民间艺术的造型变化万千、风格纷呈，并非像一般人理解的是一种随心所欲的夸张和异想天开的想象。它来源于中国古老文化千百年的沉淀，来源于中国农村特定的社会结构和文化结构所形成的集体审美意识，来源于传统民间艺术家们独特的思维方式和造型意识。

（二）内容的运用

这里的内容是指民俗的内容和生活的内容。所谓"十里不同风，百里不同俗"，不同的地理位置产生了不同的风俗习惯，不同的风俗习惯反映了不同地域的地域特色。环境艺术强调地域性，传统民间艺术中反映的民俗内容为环境艺术设计提供了丰富的设计元素。

民俗一般具有强烈的地方认同性和悠久的传承经历，它们中有些在历代社会中仍具有蓬勃的生命力而延续存在下来（如民间的节庆及娱乐文化、地区的历史典故与传说、民间的礼仪规范及信仰等）。在当今注重发掘和利用这些地域性的文化资源，使之再现某种独特的人文艺术景观，将有助于丰富和强化环境艺术创作的艺术个性，增强环境艺术与地缘文化以及城市的文化个性。我国浙江和闽南的茶道艺术、山西的地方戏剧及庙会艺术，陕北的民歌及腰鼓艺术，天津、江苏及山东的传统年画或民间曲艺，东北的秧歌与高跷艺术，广东的民乐及杂技艺术，江西景德镇的陶瓷艺术，以及诸如云南大理的蝴蝶会，西双版纳的泼水节，山东潍坊的风筝艺术节，河南洛阳的牡丹节，江西大余的梅花节等数不胜数的地域性文化和民间节庆活动，具有广泛的社会基础，吸引着

普通民众的广泛参与，这些以各地区城市（镇）为中心的乡土文化与民俗风情，都在不同的方面和层次上显现着来自民众生活的文化底蕴，它们也可以为当代公共艺术的地域文化精神及表现手法提供丰富而醇厚的营养。

（三）色彩的运用

中国传统的色彩观念在传统民间艺术创造中有着深刻的体现而且不仅仅表现于艺术的审美创造。传统民间艺术的色彩情调与民间文化观念相重叠，深受民众生活传统的制约，与庶民百姓的生活态度、价值标准、审美情趣是相一致的。①

中国传统民间艺术色彩观念在遵照历史的、传统的观念前提下、用色又讲究视觉匠意，重视色彩的视觉心理效果。即传统民间艺术的用色从大的方面不违背色彩的文化蕴涵，重视色彩的象征、寓意性。同时又讲求以对比、协调为原则的视觉美感效果。而色彩的对比与协调是建立在色彩的搭配与衬托的基础上的，它最能反映出各种色彩的视觉美感。如：新婚寿诞、节日喜庆都与象征吉祥的红色分不开，红色能引起人们的视觉感动，使人的情感体验变得生动丰富。

环境艺术设计中的色彩设计是环境艺术设计中的一个重要方面，它是环境色彩在人生理和心理上所引起的一种反应，也是客观世界的一种光学物理现象。当然，所有的色彩感觉都是建立于人的视觉感官的生理基础上的。人在接受色彩刺激时会产生丰富的生理和心理反应，生理反应中的色彩错误和幻觉最为突出。色彩心理是对客观色彩的主观心理反应。但是不同人的个体差异、群体共同的色彩感情以及时代和社会环境的变化，都成为影响色彩效应的决定性内容。这就使得中国传统色彩意识必然在环境艺术设计中有所体现。艳丽浓烈、丰富鲜明的色彩作为一种物理性、视知觉的现象不仅与色彩的物理性、生理性视觉规律有关，也与民间传统文化观念相关联，被作为一种象征手段加以比附，并延伸、拓展了它的内在性质，与其他事物相联系。像传统的五色观念、色彩的哲学意识、宗教观念、伦理思想、宗法意识都对色彩的使用有所影响。人们对色彩的运用成为一种主观的符号和图式，并被赋予特殊的情感和文化理念。

---

① 胡翔，徐华春. 传统色彩的解构与重构在环境艺术设计中的运用 [J]. 湖南工程学院学报（社会科学版），2009，19（04）.

第五节　传统文化元素融入现代环境艺术设计

一、传统文化元素概述

中国的历史文明不仅起源较早，而且在人类文明不断发展的过程中，逐渐地形成了有着浓厚中华民族色彩的历史文化，而这些悠久的历史文化为现代文明的发展奠定了坚实的基础。① 传统文化元素实际上就是在充分继承和弘扬传统文化精髓的基础上，经过一代又一代人总结归纳出来的能够充分反映中华民族思想观念和文化存在的一种形式。虽然当今社会已经进入了科学技术飞速发展的阶段，但是，我国仍然应该将坚持弘扬民族文化作为社会发展的责任和义务，才能打造出具有中国特色的社会主义现代化强国。所以，在社会经济发展的各个领域中到处都可以发现中国传统文化元素的影子。另外，我国的古代建筑设计作品中出现的精致的雕塑、色彩艳丽的围廊、层次分明的屋檐、优美的壁画等，都体现出了古代艺术设计的造诣。这些也都进一步说明了，我国古代建筑设计在世界建筑设计领域的发展过程中发挥着至关重要的作用。

二、传统文化元素在环境艺术设计中的应用方法

（一）使用传统图形元素

传统文化图形作为现代建筑环境艺术设计中最常见的传统文化元素，其主要是通过赋予传统文化元素中的图形元素新载体的方式，设定出全新的视觉环境和语言环境，从而达到充分发挥传统图形作用的目的。设计人员在重新整合利用传统文化元素图形时，必须对图形中体现出的蕴意予以充分的重视。严格地按照现代建筑环境艺术设计的要求，合理地将两者组合在一起，才能将文化图形的文化内涵充分地体现出来。通过对我国传统文化元素应用现状的分析后发现，不管是哪种文化元素，都体现着相应的文化内涵或者文化典故。比如，我国春节中粘贴的门神图形、门口的狮子等都有着与之相对应的典故或者传

---

① 姚懿航.中国传统文化元素在现代环境艺术设计中的运用［J］.中小企业管理与科技（中旬刊），2019（01）.

说。① 所以，在现代建筑环境艺术设计的过程中，融入传统文化元素，不仅给人们一种亲切感，同时也使人们切身地感受到了中国传统文化元素的魅力。另外，随着传统文化元素与现代建筑环境艺术设计的紧密融合，不仅增强了人们对特定环境的认同感，避免了人们因为面对不同文化背景而感到彷徨的现象出现，同时也促进了现代建筑环境艺术设计效果的有效提升。

（二）运用传统写意手法

写意表达手法是现代建筑设计室内装潢中最常用的一种设计手法。设计人员在进行建筑设计时，必须从外至内选择具有文化意义的图案或者陈设进行细节化的设计，同时配以特定的环境，才能将传统文化的内涵展现在人们的眼前。② 作为环境艺术设计而言同样可以选择这种含蓄的艺术表现手法，充分利用传统文化元素的特点，将环境艺术设计的文化内涵或者寓意展现出来。另外，由于在建筑环境艺术设计中，形和意两者之间是相辅相成的。所以，在进行现代建筑环境艺术设计时，应该在注重形与意有机融合的基础上，充分利用设计中的形，传递特定的意，才能将环境艺术设计的高层次理念展现出来。

（三）融入传统元素的审美

现代建筑环境艺术设计在应用传统文化元素的过程中，必须将传统文化元素的主观审美理念与现场审美理念紧密地融合在一起，然后通过对传统文化深度剖析的方式，理解传统文化元素传递的神和意，才能发挥出传统文化元素在现代建筑艺术设计中的积极作用。比如，我国传统文化元素中的古典诗词，不同的诗词所代表的意象和意蕴也存在着较大的差异，作为设计人员必须合理地将其与环境艺术设计融合在一起，才能将形神并举的效果展现出来。这就要求设计人员，必须将经典诗词转变为具体的设计内容，这样才能设计出充满古典诗词意蕴的环境艺术设计。比如，苏州建筑风格中融入的大量的中国传统文化元素，不仅将中国传统文化元素的意蕴展现出来，同时设计人员通过将传统文化元素与现代文化元素紧密融合的方式，很自然地将传统文化元素融入现代建筑环境艺术设计中，从而达到促进环境艺术设计效果稳步提升的目的。

① 范玉洁. 试论中国传统文化元素在现代环境艺术设计中的运用 [J]. 艺术评论，2019（01）.

② 赵莹琳. 现代环境艺术设计中中国传统文化元素的运用探讨 [J]. 美术教育研究，2016（02）.

参考文献

［1］班建伟．现代城市环境艺术设计研究［M］．长春：吉林美术出版社，2019.

［2］鲍诗度．中国环境艺术设计［M］．北京：中国建筑工业出版社，2019.

［3］曹瑞林．环境艺术设计［M］．开封：河南大学出版社，2005.

［4］陈斌，李森，尹航．环境艺术设计表现技法［M］．重庆：重庆大学出版社，2010.

［5］陈飞虎．环境艺术设计概论［M］．长沙：湖南美术出版社，2004.

［6］陈港．地域特征与环境艺术设计的联系探讨［J］．明日风尚，2019（5）．

［7］邓清．环境艺术设计及其个性化分析［J］．北极光，2018（1）．

［8］董万里，段红波，包青林．环境艺术设计原理（上）［M］．重庆：重庆大学出版社，2007.

［9］范倩颖．环境艺术设计中表现方式的探究［J］．智能城市，2019，5（2）．

［10］付军．环境艺术设计中的生态理念探析［J］．科教文汇（中旬刊），2018（7）．

［11］傅方煜．环境艺术设计与审美特征［M］．长春：吉林出版集团股份有限公司，2019.

［12］高艺文．环境艺术设计中的美学理念探究［J］．明日风尚，2018（10）．

［13］胡璨，蒋贺，蒋梦怡．环境艺术设计的生态化研究初探［J］．明日风尚，2019（9）．

［14］胡家宁．环境艺术设计制图［M］．重庆：重庆大学出版社，2010.

［15］黄春滨．室内环境艺术设计［M］．北京：中国电力出版社，2007.

［16］黄艳．环境艺术设计概论［M］．北京：中国青年出版社，2011.

［17］姬长武，袁静．室内外环境艺术设计［M］．济南：济南出版社，2004.

［18］贾佳，张云哲．试论创新思维在室内艺术设计中的运用［J］．明日风尚，2018（7）．

［19］江南．试论创新思维在室内艺术设计中的运用［J］．科研，2017（8）．

［20］李文帅．环境艺术设计中的生态理念问题［J］．现代物业（中旬刊），2018（11）．

［21］李砚祖，李瑞君，张石红．空间的灵性——环境艺术设计［M］．北京：中国人民大学出版社，2017．

［22］李砚祖．环境艺术设计的新视界［M］．北京：中国人民大学出版社，2002．

［23］李永慧．环境艺术与艺术设计［M］．长春：吉林出版集团股份有限公司，2019．

［24］林立，张翠青．对环境艺术设计的生态性解读［J］．艺术品鉴，2018（1）．

［25］林雪松．论环境艺术设计的创新源泉［J］．文化月刊，2018（7）．

［26］凌士义．环境艺术设计表现技法［M］．长沙：湖南大学出版社，2006．

［27］刘庆．浅谈环境艺术设计中的生态理念［J］．美术文献，2019（5）．

［28］刘涛，罗玉华，龚旭．环境艺术设计表现［M］．合肥：合肥工业大学出版社，2007．

［29］刘宇．试论创新思维在室内艺术设计中的运用［J］．大观，2020（2）．

［30］吕立东．室内环境艺术设计研究［J］．丝路视野，2017（17）．

［31］吕炫．试论环境艺术设计中的生态理念［J］．科学与财富，2018（7）．

［32］罗媛媛．环境艺术设计创新实践研究［M］．北京：现代出版社，2019．

［33］马克辛．现代环境艺术设计手册［M］．沈阳：辽宁美术出版社，2015．

［34］马文哲．环境艺术设计中的生态理念问题［J］．环球市场，2019（26）．

［35］孟晓军．基于多维领域环境艺术设计［M］．长春：吉林美术出版社，2019．

［36］聂磊．环境艺术设计［M］．武汉：湖北美术出版社，2006．

［37］屈德印．环境艺术设计基础［M］．北京：中国建筑工业出版社，2006．

［38］沈蔚．室外环境艺术设计［M］．上海：上海人民美术出版社，2005．

［39］沈竹，吴魁．环境艺术设计手绘表现［M］．哈尔滨：哈尔滨工程大学出版社，2008．

［40］盛婷．环境艺术设计制图［M］．北京：中国电力出版社，2019．

［41］水源，甘露．环境艺术设计基础与表现研究［M］．北京：北京工业大学

出版社，2019.

［42］宋立民. 环境艺术设计制图［M］. 合肥：安徽美术出版社，2006.

［43］孙皓，刘东文. 室内环境艺术设计指导［M］. 沈阳：辽宁科学技术出版社，2009.

［44］孙兆奇，崔虎杰. 环境艺术设计中表现方式的探讨［J］. 绿色环保建材，2019（7）.

［45］唐铭崧. 环境艺术设计方法及实践应用研究［M］. 北京：中国原子能出版社，2019.

［46］王辉，郝志刚. 环境艺术设计手绘表现技法［M］. 北京：北京理工大学出版社，2009.

［47］王佳. 环境艺术设计基础研究［M］. 北京：北京工业大学出版社，2019.

［48］王今琪，石大伟，王国彬. 环境艺术设计制图［M］. 西安：西安交通大学出版社，2017.

［49］王清燕. 浅谈环境艺术设计中的生态理念［J］. 明日风尚，2019（15）.

［50］王向阳. 浅谈环境艺术设计［J］. 明日风尚，2018（20）.

［51］王小静. 浅析环境艺术设计［J］. 大东方，2018（8）.

［52］王玉龙，田林. 环境艺术设计手绘表现教程［M］. 重庆：西南师范大学出版社，2015.

［53］王志鸿. 环境艺术设计概论［M］. 北京：中国电力出版社，2019.

［54］韦爽真. 环境艺术设计概论［M］. 重庆：西南师范大学出版社，2008.

［55］文增，王雪. 立体构成与环境艺术设计［M］. 沈阳：辽宁美术出版社，2012.

［56］文增. 立体构成与环境艺术设计［M］. 沈阳：辽宁美术出版社，2014.

［57］吴晓琪. 环境艺术设计［M］. 杭州：浙江人民美术出版社，2012.

［58］伍硕秋. 环境艺术设计中的生态理念探析［J］. 文艺生活（文海艺苑），2018（10）.

［59］谢明洋. 环境艺术设计手绘表现［M］. 沈阳：辽宁美术出版社，2012.

［60］谢明洋. 环境艺术设计手绘表现［M］. 沈阳：辽宁美术出版社，2014.

［61］谢明洋. 环境艺术设计手绘表现［M］. 沈阳：辽宁美术出版社，2019.

［62］杨光. 试论创新思维在室内设计中的运用［J］. 包装世界，2019（7）.

［63］伊宏伟，王军，赵涵. 试论创新思维在室内艺术设计中的运用［J］. 才智，2018（19）.

［64］殷盛男．环境艺术设计存在的问题及对策［J］．明日风尚，2018（9）．

［65］俞洁．环境艺术设计理论和实践研究［M］．北京：北京工业大学出版社，2019．

［66］喻蓉．试论创新思维在室内艺术设计中的运用［J］．新闻爱好者，2018（8）．

［67］张朝晖．环境艺术设计基础［M］．武汉：武汉大学出版社，2008．

［68］张丹丹．浅析环境艺术设计［J］．技术与市场，2015，22（8）．

［69］张天臻，吴晓琪．环境艺术设计表现技法［M］．上海：上海人民美术出版社，2012．

［70］张葳，李海冰．环境艺术设计［M］．武汉：湖北科学技术出版社，2004．

［71］甄伟肖，颜伟娜，孙亮．艺术设计与室内装潢［M］．长春：吉林美术出版社，2018．

［72］周敏．试论环境艺术设计中的生态理念［J］．明日风尚，2019（23）．

［73］周艳，张莘．环境艺术设计［M］．武汉：湖北美术出版社，2005．

［74］朱广宇．环境艺术设计与快速表达［M］．武汉：湖北美术出版社，2006．

［75］朱晓鸿．环境艺术设计的探究［J］．科学与财富，2019（20）．

［76］左明刚．室内环境艺术创意设计［M］．长春：吉林大学出版社，2017．